建筑的
另一种尺度

[日] 石上纯也

建築の　　　　　　Junya

あたらしい大きさ　Ishigami

辛梦瑶 译

同济大学出版社·上海

目录

建筑的另一种尺度

我想将那些原本不是建筑的事物变成建筑。若想知道这是否可行，也许意味着要对建筑建构方式的本质进行反思。

通过这种反思，我们的视野将触及迄今为止从未探索过的领域，发现一个尺度完全不同的世界。

自然环境可以创造出空间的尺度感：无垠之地的开敞、天空的广阔、云的轻盈、雨滴的纤细……这样的尺度在建筑中从未出现过。

自然环境或自然现象是建造建筑的前提，我们为了将自身与自然环境分隔，设计出建筑这座庇护所，然后却只能在建筑内部制造局促的空间。

然而，如今我们思考建筑时，已经不能将自然环境与人工环境区别对待了。我们创造的人工环境范围过于巨大，影响了自然环境，而自然环境也反过来不断影响我们。自然环境与人工环境之间的界限越来越模糊，同时新的环境开始形成。

我试着在这个新的环境中思考建筑。

建筑过去的庇护所形象不适合这个新生的环境。我们不应再将建筑看作庇护所，而要将它看作环绕在我们身边的环境本身。

直到今天，建筑都是作为人工环境存在的，在形状、系统、多样性，以及时间流逝的方式上与自然环境之间有很多不同。然而，二者最根本的不同是尺度的不同。

基本粒子或原子的世界、小昆虫或动物的世界、我们人类的世界、在地球的尺度上才能感知的世界、宇宙……它们之间的差异或大或小，构成一连串越来越大的世界，而正是尺度，将那些差异变成了各种各样不同的世界。尺度为事物赋予了维度，制造了层级，使每个世界变得具体。也许可以说，尺度是一切事物成立与表现的根本。一直以来，所有那些不同的尺度都存在于自然环境中。

可以将那些建筑从未具有过的尺度，尽可能地纳入建筑中吗？
也许可以通过扩大建筑概念的范畴，把更多尺度容纳进去，或者反过来，不改变建筑的概念，而是把各种事物尽可能缩小，然后尽量多地置入建筑。如果让建筑本身变得更小、密度更低、分布更稀疏，也许还可以把建筑植入各种事物的间隙。
我想把一切都置入一个事物间相互影响、关系不断变化和流动的世界，而不是把某些东西从中分离出去。在这个世界里，仿佛一切都在量子波动中慢慢扩散，概念、功能、作用、领域、集群、方向，都是模糊的。建筑将融入这个正在出现的新环境，同时，它也将塑造这个环境。

模拟云的层积

Clouds

云是建筑的新形象之一。

云作为自然现象而存在。

我想让建筑像云一样飘浮在空中，轻盈、柔软。它是透明的、细微的，如同空气的流动。

它巨大而绵延，却仿佛没有实体。

建筑的另一种可能性，或许就存在于自然现象与构筑物之间。

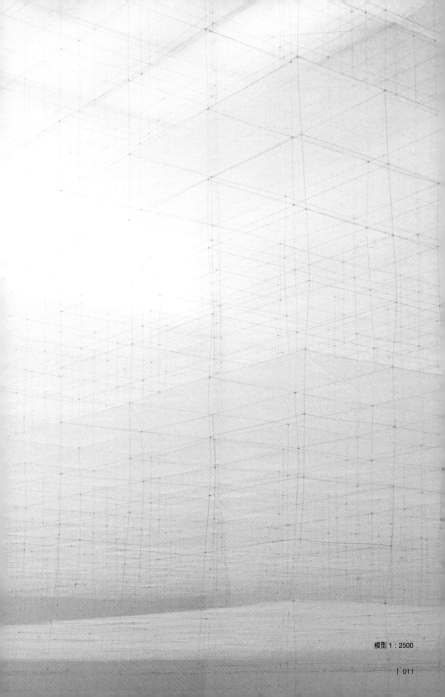

模型 1：2500

"牵牛花云",出现在澳大利亚昆士兰州北部的一种滚轴云。长达 1000 千米的条状云在黎明时分形成，以每小时 60 千米的速度奔行于旷野上空，最后在中午之前消失。

云在不同的地方以不同的形状和大小出现。它们消失的方式也多种多样，比如雨层云在降雨后消失，晨雾以一种不易察觉的方式消失。那么，在自然环境中，建筑的永恒性还是理所当然的吗？

气旋附近的云的模式图。实线表示锋面及对流层顶，虚线和点状线表示稳定的云层。

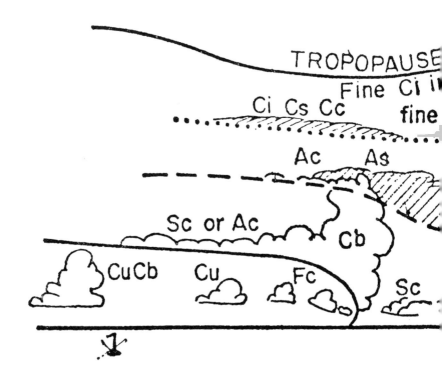

云是有结构的，不同种类的云会出现在不同的高度。各种条件相互组合，还会形成更加复杂的云。在稳定和不稳定的周期性变化中，云的种类会逐渐发生改变。

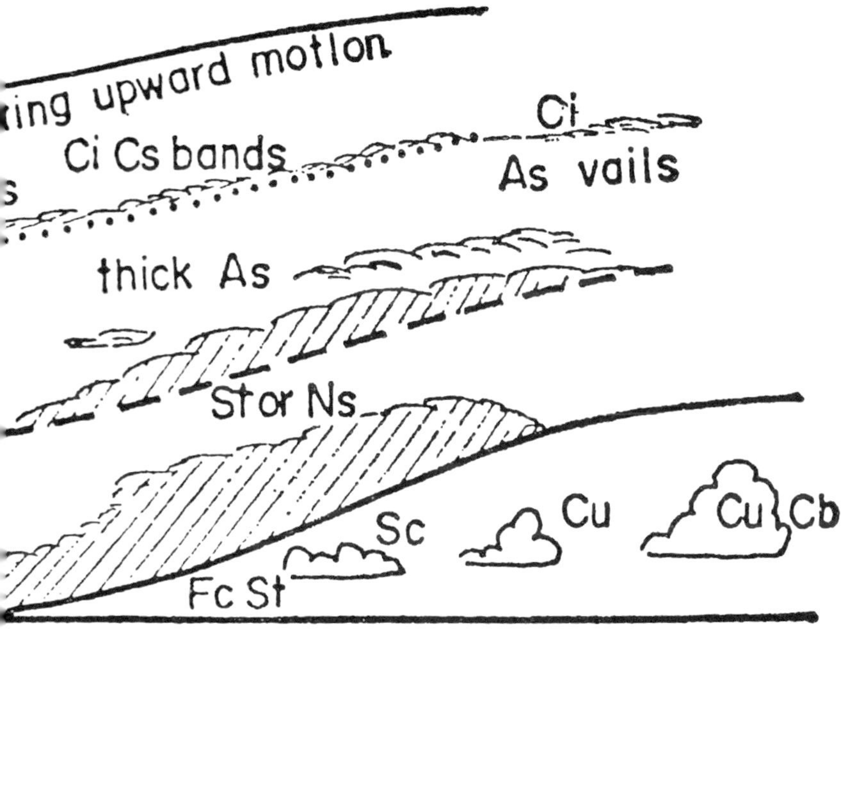

ing upward motion
Ci
Ci Cs bands
As vails
thick As
St or Ns
Cu
Cu Cb
Sc
Fc St

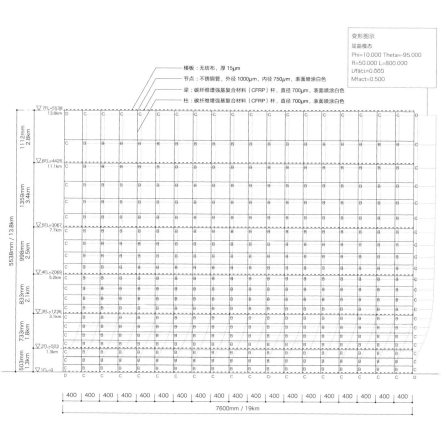

立面图

我们设想了一个高约 14 千米的建筑，并按 1∶2500 的比例制作了模型。它的尺度与积雨云接近，高度也与经常形成云的对流层大致相同。模型尺寸为（长）9.6 米 ×（宽）7.6 米 ×（高）5.5 米，体积约为 400 立方米，总重量为 9.8 千克。而相同体积的空气重约 500 千克，可见模型比空气轻得多。即使将模型按比例放大，变成 14 千米高的建筑，也没有空气重。

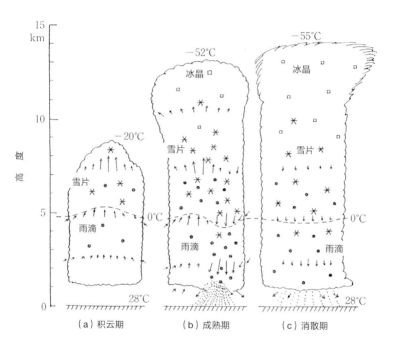

积雨云剖面图。

云不仅仅由云构成。云本身是一些微小的颗粒，悬浮在空气中。整个大气层形成了一个巨大的结构体。每当有气流扰动或者轻微调整原本平衡的形体，上述模型也会以与天气变化相同的方式改变着形态。

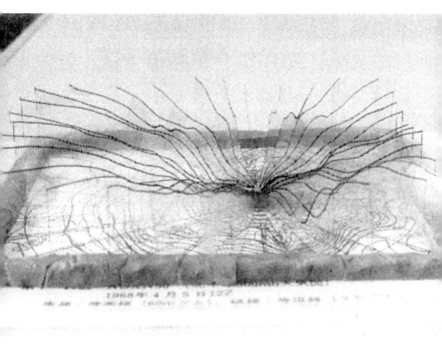

高空天气图的三维模型。地面天气图显示的是地面附近的气压分布，高空天气图显示的是某个等压面的高度分布。这个模型对处于对流层大约中间位置的 500 百帕等压面的高度进行了立体化。

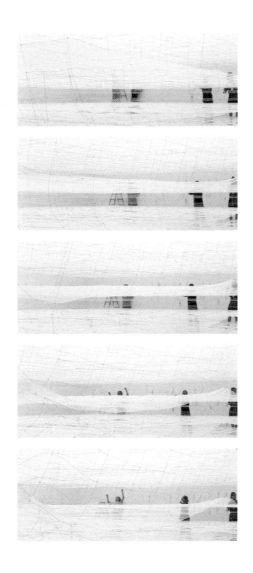

模型的形状会一点一点地变化，就像云一样。在不同的室内条件和稳定状态下，模型也会呈现不同的形状。

1356 MST ↑

1401 MST ↑

1406 MST ↑

1411 MST ↑

1416 MST ↑

积雨云的发展过程

模型 1：2500

"云的播种"，即通过大量播撒碘化银等固态凝结核来形成云。这张照片展示了一个成功的实验：将干冰碎块撒在过冷却的层云中，云内部的过冷却水滴就会凝结为冰晶，形成降雪。这个实验最终制造了一团长达 32 千米的巨大的云。

由此，一种新的建筑尺度和一种新的建筑存在形式在自然现象与人工的建构性之间浮现出来。

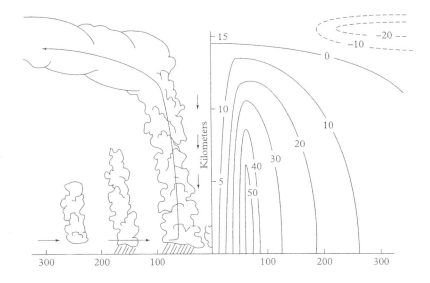

成熟期热带气旋的垂直剖面。左侧显示了呈放射状扩散的云的分布，及其在放射方向和垂直方向上的流动；右侧是不同方位上的风速（米／秒）。负值表示高气压的流动。

云也有边界，这些边界塑造了云的形状。靠近观察时，它们是模糊的，失去了其作为界线的意义；只有隔开一定距离，远眺时云才会呈现出确切的形状。建筑的边界可以设计得像云的边界一样随尺度而变化吗？

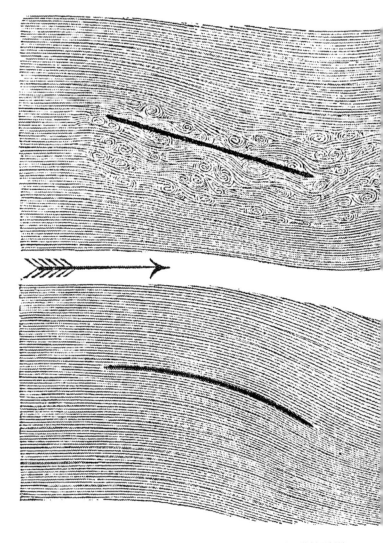

在水平的气流内部，剖面平坦的翼面（上）与剖面微微拱起的翼面（下）的受力差异。可以看出拱形翼面在飞行时受到的空气阻力更小，更有利于飞行。

空气的流动会通过各种方式生力。一般在设计建筑时都会考虑抗风，那么是否可以将空气的流动纳入建筑结构中（以使结构的一部分用于支持气流——译者注）？在云的尺度下，也许可以把气流看作使建筑成立的要素之一，与结构体具有同等的地位。

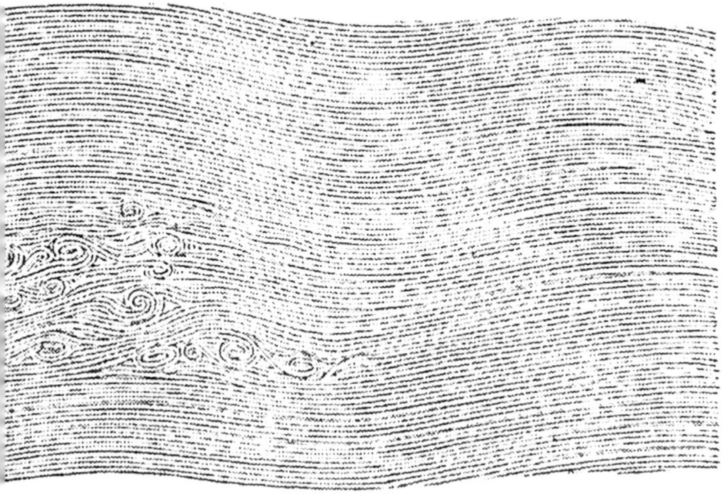

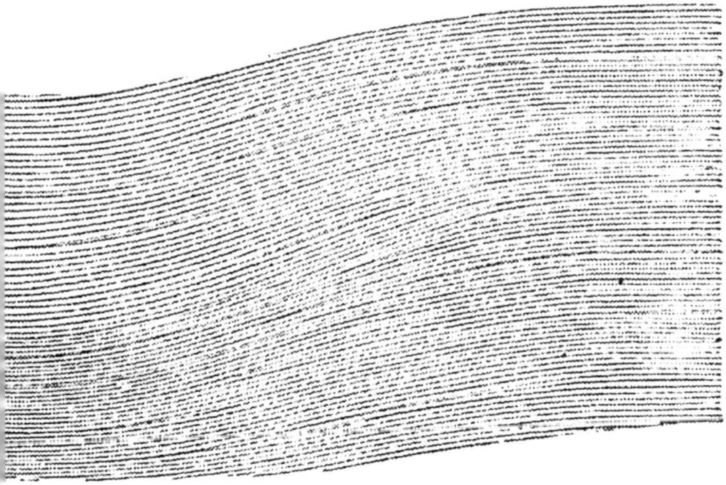

项目	符号	单位	蒲公英	苦苣菜	杞柳	日本山杨
学名	—	—	*Taraxacum platycarpum* Dahlst.	*Sonchus oleraceus* L.	*Salix integra* Thunb.	*Populus sieboldi* Miq.
形状	—	—				
冠毛整体的直径	D	mm	11	9	8	8
毛的直径	d	μm	20	18	7.5	7.5
毛的长度	l	mm	5.5	7	5	5
毛的数量	n	—	120	20	50	100
种子自身的大小	l_m	mm	—	3	0.8	3
下落速度	U	m/s	0.30	0.3	0.1	0.5~1.5

具有冠毛的种子及其相关数据。飞散的种子借助冠毛这种飞行工具，可以减缓下落的速度，从而被带到更远的地方。

由此，我们设想了一种类似飘在空中、带冠毛的种子的结构，这种结构极其细微，与微小的空气流动具有相同的尺度。

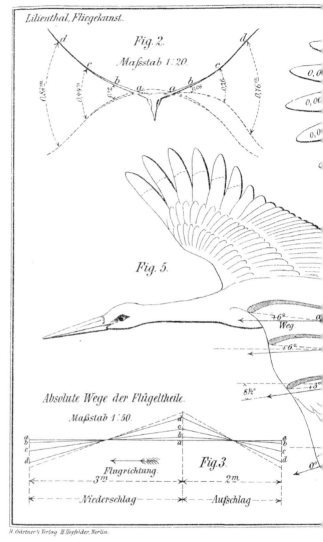

奥托·李林塔尔（Otto Lilienthal）的飞行研究。为什么一只重达 4 千克的鹳可以自由地飞翔？李林塔尔对此进行了研究，并尝试把它的翅膀结构应用到载人飞行上。

人在地上行走，鱼在水中游，鸟在空中飞翔。人以外的生物是如何与环境相处，如何运动的？这些生物的自身构造是如何适应环境的？我想进行类似这样的考察，以这种广度和自由度来重新思考建筑。

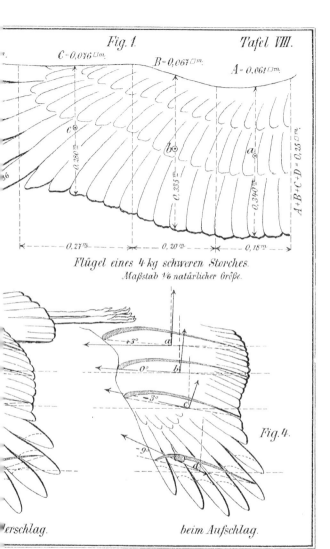

Fig. 1. **Tafel VIII.**

$C = 0,076 \square m$. $B = 0,067 \square m$. $A = 0,061 \square m$.

$0,280 m$ $0,335 m$ $0,340 m$ $A+B+C+D = 0,25 \square m$.

$0,21 m$ $0,20 m$ $0,18 m$

Flügel eines 4 kg schweren Storches.

Maßstab ⅙ natürlicher Größe.

$+3°$ a
$0°$ b
$-3°$ c

Fig. 4.

$-9°$ d

...erschlag.   beim Aufschlag.

Kgl. Hofsteindr. Ad. Engel. Berlin-SW.

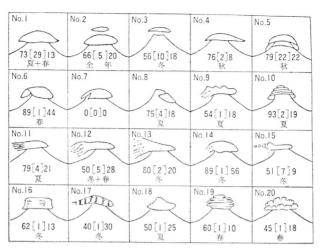

（a）山帽云

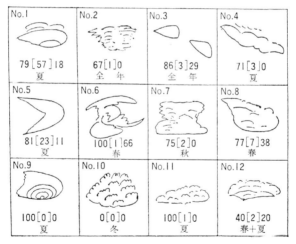

（b）笠状云

富士山上的云的种类。图（a）为山顶的山帽云，图（b）为山顶的下风侧形成的笠状云，以及1944—1949年间与这些云相关的季节性天气变化。图中数字从左往右依次是降水概率（%）、[云的形成频率（%）]、阵风概率（%）。

当出现微小的气流扰动，模型的形状就会改变。这种建筑的结构体就像自然现象一样。

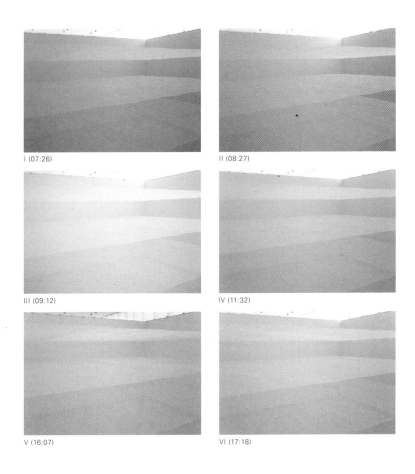

I (07:26)

II (08:27)

III (09:12)

IV (11:32)

V (16:07)

VI (17:18)

我们把从窗户透进来的天空的颜色复制并反射到整个模型上，就像夕阳把天空全部染红一样。我想寻找一种方法，让建筑整体的结构尽可能具备一种流动性与灵活性，从而使其不断适应环境中的细微变化。

云因为容易反射可见光，所以看起来是白色的。但随着云的厚度、云滴的密度以及太阳光的角度发生改变，云也会呈现出各种各样的颜色。

I

II

III

IV

V

VI

从飞机上拍摄的太平洋上空的云，长度超过 200 千米。

我把建筑的构成方式与环境的变化置于同等的地位。当建筑被看作庇护所时，它就不可避免地成为一种把我们与环境分隔开的静止的屏障。但如果建筑被看作一种新的环境，是不是就能以一种不同的形式存在？

规划一片森林

Forest

像规划一片森林一样思考建筑。

比如，我们在大学校园内建造了一座供学生自由使用的多功能工作室，其外立面由玻璃覆盖，没有一片墙，仅用 305 根结构性柱子就实现了设计上的目标。每根柱子都具有不同的比例和方向，没有哪两根是一模一样的。这是一个 2000 平方米的一室空间，然而在这 2000 平方米中，不同的地方给人的感觉都不一样。当你在其中不停走动，这个巨大的一室空间就像万花筒一样不停地变化。在设计建筑的时候，一般都是通过组合房间，即所谓的空间构成来推进设计。相比之下，我希望像设计景观或者规划森林一样，将自然环境中体验到的某种暧昧性和设计性一同实现。暧昧性这种不确定的特征，并非与设计性完全对立，它同样可以是使空间成立的原则之一。在这座建筑中，使用者以不同的路线走来走去，从而发现各种各样的空间。

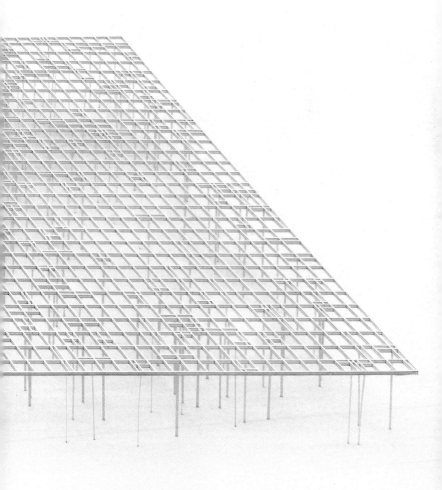

模型 1：50

尼日尔三角洲的淡水湿地酒椰树林

森林中，繁茂的树上相互纠缠的枝条像一根根梁，纤细的树干像一根根柱子。在自然环境的抽象性与建筑的抽象性之间，会有怎样的可能性？

工作室平面图 1：400

在森林中，植被的分布遵循着某种严格的原则。那里的动物虽然不十分清楚为什么草或树会
在这里，却能合理地生活。这一点与建筑非常不同。比如建筑中的一面墙，一看便知是用来
分隔两个相邻的空间。然而在森林中，却不容易弄清楚为什么一棵树会在这个位置。"合理"
（rationality）更多是指在无限的复杂情况之中不断产生的新关系，而不是功能和形式之间简单
地——对应。在整体中，这些关系常常是不稳定的，并在趋于稳定的过程中不断变化。这类
现象中上述关系的其中一个方面被我们称为"功能"。

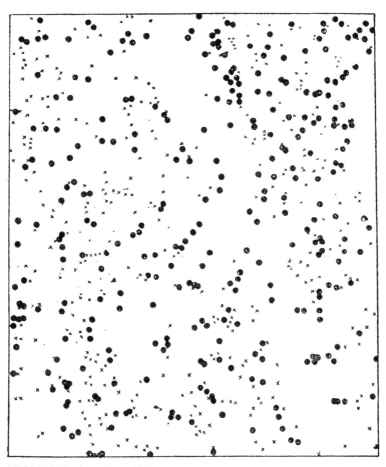

刚竹的分布示意图（16 米 ×20 米）。● 指现存的竹子，× 指被截断的竹子。

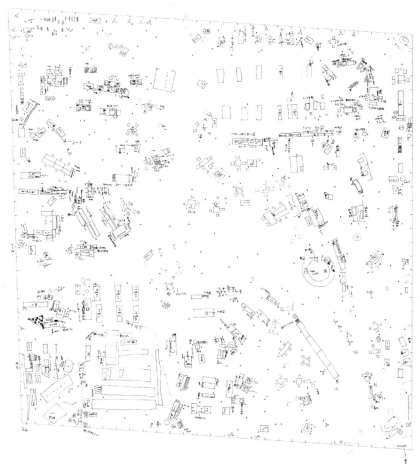

2010 年 7 月 15 日的现状调查图　1 : 400

在设计这座建筑时，一方面遵循了给定的工作室功能，另一方面也让它具有相对性，从而更接近自然环境的功能。竣工后，我们对建筑进行了调查，以发现其中的新功能。这可以帮助我们为建筑提出新的假设——就像科学工作者调查一座森林，然后对它的生态系统作出假设一样。

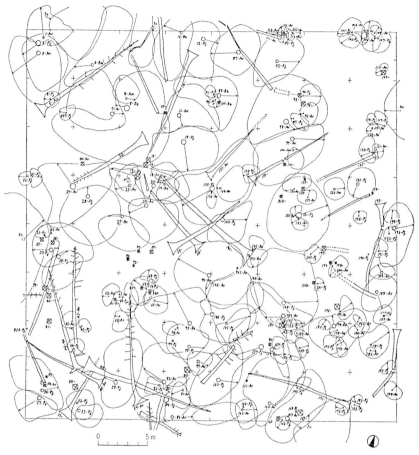

树冠投影图，显示了组成森林的各种树的枝叶伸展的状态。图中数字是树木的编号，圆的大小显示了树的粗细，字母代表树的种类。这些资料是对森林进行生态调查的基础。

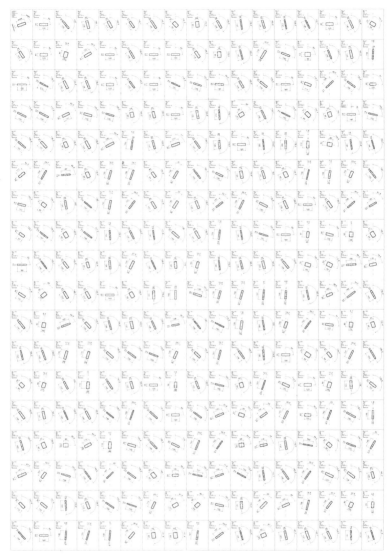

柱子平面详图 1 : 60

柱子在比例和方向上的细微差异，反映了这座建筑创造出的环境多样性。

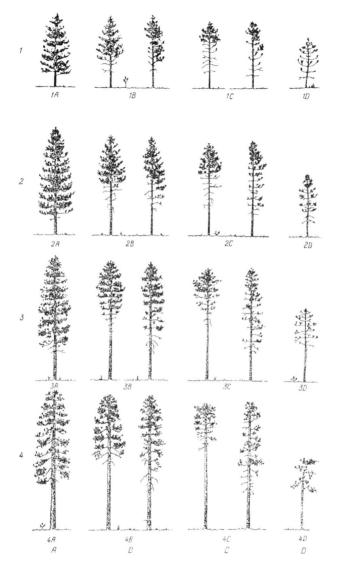

为保护森林而对树木进行选择性砍伐的时候，会根据树干和针叶的品质来给树木分级。

模型 1：50

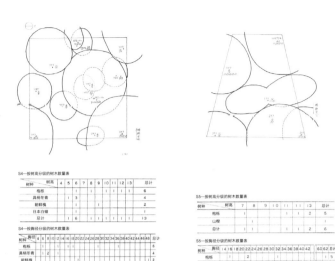

S4—按树高分级的树木数量表

树种 \ 树高	4	5	6	7	8	9	10	11	12	13	总计
栎栎				1	1	1	1	1	1		6
具柄冬青	1	3									4
朝鲜槐			1								2
日本白蜡				1							1
总计	1	6	1	1	1	1	1		1		13

S4—按胸径分级的树木数量表

树种 \ 胸径	4	6	8	10	12	14	16	18	20	22	24	26	28	30	32	34	36	38	40	42	44	46	48	总计
栎栎	1																						1	6
具柄冬青	1	2	1																					4
朝鲜槐			1																					2
日本白蜡																								1
总计	2	3	2		1		1		1														1	13

S5—按树高分级的树木数量表

树种 \ 树高	7	8	9	10	11	12	13	总计
栎栎		1				1	2	5
山樱						1		1
总计		1			1	2	6	6

S5—按胸径分级的树木数量表

树种 \ 胸径	14	16	18	20	22	24	26	28	30	32	34	36	38	40	42	60	62	总计
栎栎		1			2											1		5
山樱																		1
总计																		6

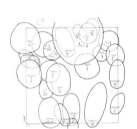

S2—按树高分级的树木数量表

树种 \ 树高	3	4	5	6	7	8	9	10	11	总计
垂枝桁木			2	4	1					8
具柄冬青		2	2	2						6
山樱				1	1					4
青冈栎										3
栎栎										2
椴木										1
麻栎										1
总计		4	7	9	2					25

S2—按胸径分级的树木数量表

树种 \ 胸径	4	6	8	10	12	14	16	18	20	22	24	26	28	30	32	34	36	52	54	总计
垂枝桁木	4	1	1																	8
具柄冬青																				6
山樱	2		1																	4
青冈栎	2	1																		
栎栎																				2
椴木																				
麻栎																				
总计	14	2	1	1														1		25

S3—按树高分级的树木数量表

树种 \ 树高	4	5	6	7	8	9	10	11	12	13	14	15	总计
红松			1										9
栎栎													2
椴木													1
总计			1		3	1							12

S3—按胸径分级的树木数量表

树种 \ 胸径	4	6	8	10	12	14	16	18	20	22	24	26	28	30	32	34	36	38	40	42	44	总计
红松																						9
栎栎			2	1	2				2													
椴木																						
总计		1	2	1																		12

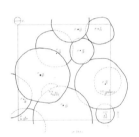

树冠垂直投影图，以及按树高和胸径分级的树木数量表

树木的独立性与聚合性之间存在着深刻而密切的关系。这与这座建筑中局部场所性和整体性之间的关系是相似的。局部和整体同样在参与空间的创造，比如即便是一根柱子，也会在不同场所发挥完全不同的空间上的作用。

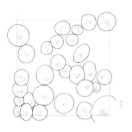

S1—按树高分级的树木数量表

树种＼树高	4	5	6	7	8	9	10	11	12	总计
红松	3	5	1	2	4	7	3			27
槭叶槭										
朝鲜槐										
柠树										
总计	3	6	2	3	4	7	3			30

S1—按胸径分级的树木数量表

树种＼胸径	2	3	4	6	8	10	12	14	16	18	20	总计
红松	2	3	5	3	6	3	3	1	1			27
槭叶槭							1					
朝鲜槐							1					
柠树							1					
总计	2	4	6	4	6	3	3	1	1			30

S8—按树高分级的树木数量表

树种＼树高	3		5	6	总计
红松	4		13	5	22
具柄冬青	2		2		4
华东山柳					1
山樱					1
东亚唐棣					1
总计			17	5	29

S8—按胸径分级的树木数量表

树种＼胸径	2	4	6	8	10	12	14	16	18	总计
红松		2	5	3	4	2	4			22
具柄冬青										4
华东山柳										1
山樱										1
东亚唐棣										1
总计		4	8	5	4	2	1			29

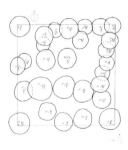

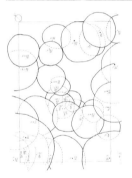

S6—按树高分级的树木数量表

树种＼树高	2	3	4	5	6	总计
红松		1	15	10	2	28
白桦					1	1
总计		1	15	11	2	29

S6—按胸径分级的树木数量表

树种＼胸径	2	4	6	8	10	12	14	总计
红松		4	13	6	4		1	28
白桦				1				1
总计		4	13	7	4		1	29

S7—按树高分级的树木数量表

树种＼树高	5	6	7	8	9	10	11	12	13	总计
红松	2	2	3	5	4	2	1	1	1	21
具柄冬青		1	3	4	1					9
华东山柳				1						1
总计	4	5	3	3	6	2	1	1	1	

S7—按胸径分级的树木数量表

树种＼胸径	4	6	8	10	12	14	16	18	20	22	24	26	总计
红松	2		1	3	2	1	1	2			3	4	21
具柄冬青			2	5	1								9
华东山柳				1									1
总计	2		2	6	2	4	1			3	4	1	31

这座建筑的整体仿佛一个由地下茎相连的竹群落,由各种各样的柱子、动线和场所构成,全部这些要素构成了一个独立的空间。

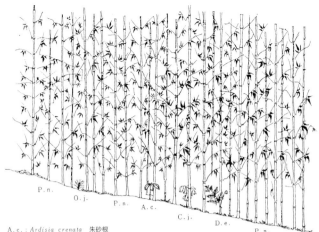

A.c.: *Ardisia crenata* 朱砂根

C.j.: *Cleyera japonica* 红淡比

D.e.: *Dryopteris erythrosora* 红盖鳞毛蕨

O.j.: *Ophiopogon japonicus* 麦冬

P.n.: *Phyllostachys nigra var. henonis* 毛金竹

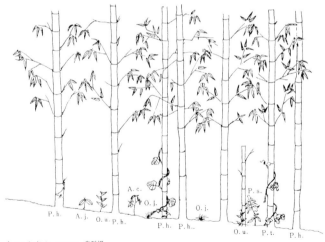

A.c.: *Ardisia crenata* 朱砂根

A.j.: *Ardisia japonica* 紫金牛

O.j.: *Ophiopogon japonicus* 麦冬

O.u.: *Oplismenus undulatifolius var. japonicus* 日本求米草

P.h.: *Phyllostachys heterocycla var. pubescens* 毛竹

P.s.: *Paederia scandens var. mairei* 鸡屎藤

P.t.: *Parthenocissus tricuspidata* 地锦

竹林的植栽计划

摆放在这座建筑中的家具或小物件，像建筑一样塑造了空间。比如在一些位置，柱子的间距与家具的大小具有几乎相同的尺度感。如果把家具稍微移动一点，空间也会随之改变。就像森林在生长一样，这里的空间也在不断产生新的变化。

位于法属圭亚那富美山（Montagne La Fumée）的一块 20 米 ×30 米的森林区域的纵剖面。用实线绘制出轮廓的是现存的树木，用点绘制的是未来将会长出的树木。

就像森林的环境结构是基于树木的集群方式而形成的，这座建筑通过设计柱、梁的位置以及它们的聚集方式，在其内部创造出丰富的环境原型，从而形成建筑的空间构成。

农田防护林的森林结构。a）郁闭型：既不通风，也没有阳光照射进去。b）间伐型：有少量阳光从不同生长阶段的树木之间透过。c）通透型：有大量阳光照射进去，空气也可以自由流通。

2010 年 5—8 月的调查录像，模型 1：50

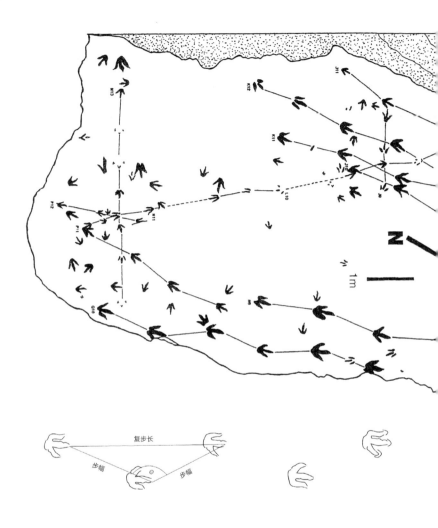

复步长

步幅　　　　步幅

我们在建筑内部安装了监控摄像头来观察空间。我想对建筑进行一种尽可能周密、自由、带有目的性的设计。同时，还要设计出一种永远无法让人掌握实际情况的不确定的状况。正如数亿年前的生物足迹能揭示当时的状况，拓宽我们对世界的认知一样，与之类似的观察也使我们对这座建筑有了新的感知。

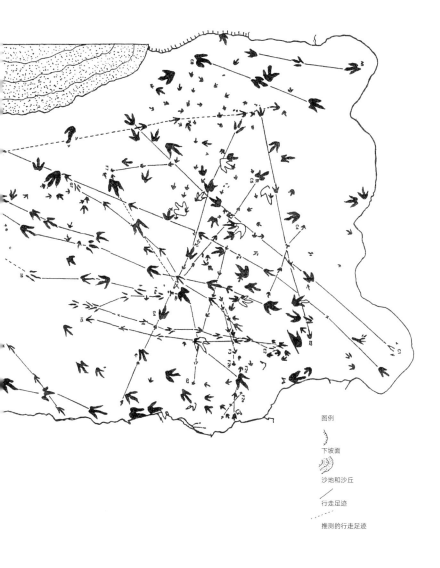

图例

下坡面

沙地和沙丘

行走足迹

推测的行走足迹

在美国亚利桑那州东北部的蒙纳夫岩层（Moenave）中，曾发现侏罗纪早期的恐龙足迹。
恐龙的行走方式以及身体宽度等信息，是从恐龙足迹上保留的单步长、复步长和步伐的角度得来的。

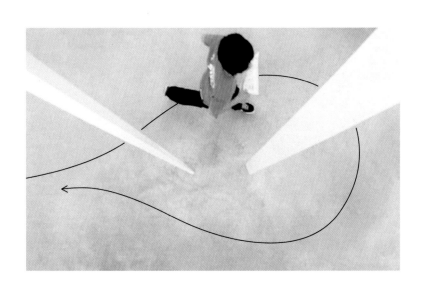

是柱子创造了空间，还是人的行动，或者摆放的家具、植物创造了空间？创造空间的各种事物之间的关系错综复杂，难以掌握。我想寻找一种方法，可以在建筑中有意识地设计出这种空间的不确定性。

众所周知的"达乌里寒鸦之路"。达乌里寒鸦有一种习性，它们总是沿着非常熟悉的来路返回到出发点。

同一个人的行走路线几乎是不变的。如果各种不稳定关系（包括非建筑要素在内）的条件相同，就会出现相对稳定的流线空间。

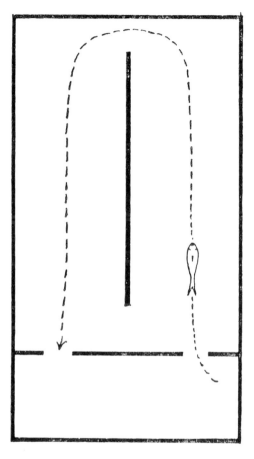

搏鱼的习惯路径。在搏鱼这种热带鱼的水箱中装一块隔板，然后吊住鱼饵，绕着隔板转圈，渐渐地搏鱼就会把这条路认作习惯的
路径。如图中所画的，即便后来把鱼饵放在箭头所指的位置，搏鱼也不会走眼前这条离鱼饵近的路，而是要绕隔板一圈游到鱼饵处。

在视频中，人们走路的时候明明可以走直线，却不知为何总是绕来绕去。空间是由建筑、非建筑要素、感知它们的人这三者间的相互关系所创造的。建筑只是创造各种环境的众多条件之一。建筑与非建筑要素被等价看待的程度是扩展建筑可能性的关键。

蝴蝶的运动路径取决于光照、温度、树木等因素。春天，玉斑凤蝶在清晨的阳光中飞舞（下图）。到了夏天，烈日下的温度很高，玉斑凤蝶就会迅速躲到阴凉处（上图）。

感知空间的方式有时候可以直接反映在塑造空间的具体设计上。视频中，人们把间距相对较小的若干柱子间的连线看作边界，并制作了一些简单的墙壁，便产生了多种状态各不相同的空间。

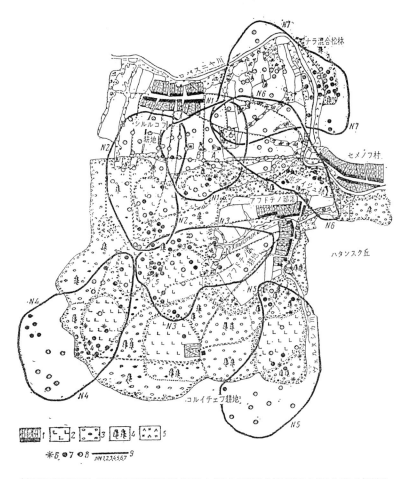

在俄罗斯莫斯科州的南部，夏初和夏末时节狩猎篇的场地分布图。1.住宅；2.采伐迹地；3.灌木和幼林；4.森林；5.草地；6.篇的巢穴；7. 6-7 月观察篇的地点；8. 8-9 月观察篇的地点；9. 5-6 月每对交配的篇的领地边界。

视频里显示了在建筑中移动的一个队列。虽然队列中人很多，但没有一个人从后面那根细柱子和前景的两根柱子这一侧经过。（柱子的布局方式对每个人的影响大致相同，但队伍的路线更多是取决于运动的连锁效应。）空间的形成不仅受到人的各种主观想法的影响，有时候也会呈现出明确的客观性。

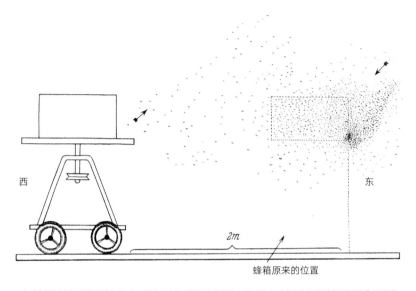

西　　　　　　　　　　　　　　　　　　　　　东

2m

蜂箱原来的位置

如果在蜜蜂外出的时候把蜂箱移动 2 米，蜜蜂还是会回到蜂箱原来的位置。一段时间后，它们会注意到蜂箱移到了新位置。可见蜜蜂不是依据视觉记忆，而是把触角作为指南针来确认回巢的路。动物的行为受其对环境的感知及其与环境的相互作用的共同影响，这种影响因物种而异。这个概念被称为"生物场"（umwelt）。

这个视频中的人与第 84 页视频中的是同一批，地点也一样，但这次他们四处走动，可以看到路线不受柱子排布的影响。于是，建筑的空间构成每次都会被改写。我们的目标就是创造这样一种建筑，其中的空间可以像泡泡一样自由地生成和消失。空间的功能、形状、大小、连接和分离的方式、组合的方式、组团的数量等，都是导致空间发生不稳定变化的因素。我们要将这些因素设计得如同朦胧的云一般。

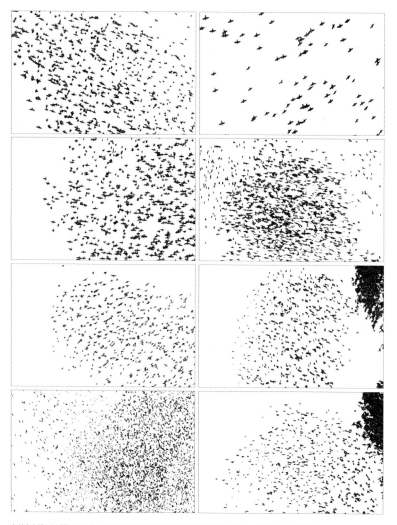

灰椋鸟鸟群飞行时的队列变化。这种鸟没有特定的领队,它们追随前方同伴而行动,一齐向同一个方向前进。

塑造地平线

Horizon

地平线为无边无际的风景描绘出轮廓线。我试着像规划地平线一样构想建筑。如果地平线可以被规划，茫茫风景就能像有形的空间一样进行具体的设计。

例如，我们正在设计一个位于大学校园里的供学生放松和休闲的设施。任务书要求它必须包含餐厅、休闲空间、午休间、多功能广场、烧烤广场、风雨操场等功能。我们构思了一个拥有巨大平面的单层建筑，层高随位置不同而变化，平均高 2.3 米。建筑里一根柱子也没有，只包含一个巨大的空间，比例十分扁平。屋顶厚度为 10 ～ 50 毫米，薄而轻，是一个人造地面。屋顶上有的地方植被茂盛，可以遮阳、避雨，有的地方用藤蔓植物覆盖，像藤架一样，可供光线、风和雨透过。它的地板就是大地，栽种着各种植物，成为周围景观的延续，就像地球广阔无垠的地表；而作为吊顶的人造地面，就像覆盖着地球的薄薄的、虚幻不定的大气层。地球的表面是一个球面，同样的，天空一般的吊顶和大地一般的地板具有几乎不会被察觉的微小曲率。于是，从远处看，吊顶和地板形成了地平线。如此一来，一些沿着围墙用玻璃围合的室内空间便拥有了一种似乎无边无际的景观视野。总建筑面积中，室内约占 5%，其余 95% 都是半室外空间。这就像用建筑的手段创造出一片广阔的风景，然后在其中设计一座小小的住宅。这处环境与大学校园里的原有环境完全不同，学生们去餐厅就像是前往一片遥远的草原。

海与天空的交界线看起来是水平的，但因为地球是一个球体，这条线实际上是与地球具有相同半径的圆弧。在如图的视线高度上，观察者的眼睛到这条交界线的距离大约为 4.5 千米，视线位置越高，看得就越远。

我们认为景观包含了天空和大地两个部分，但是在设计庭院和公园等景观时，却往往只考虑大地的部分。如果只设计地面，景观就不完整了吧？因此，我想设计一种新的景观，它具有天空一般的屋顶和大地一般的地板。

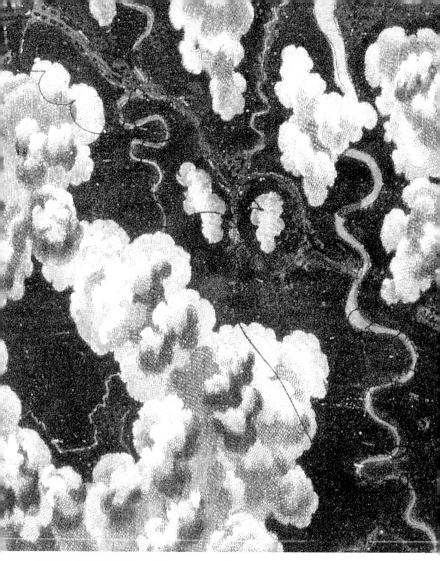

热气球表演先驱者托马斯·斯科特·鲍德温（Thomas Scott Baldwin）1889 年从云层上方的热气球中俯瞰到的景象

通常情况下，在绘制单层建筑的图纸时，首层平面图和屋顶平面图是分开来画的。但是，如果把地球某处的天气情况也纳入空间设计，就要像天气图一样把云和大地同时呈现出来，否则设计就会让人无法理解。我们对这座建筑也采用了这种绘图方式，将作为人造地面的超薄屋顶和下方作为大地的地板都进行了绘制，并把两张图纸叠加在一起。

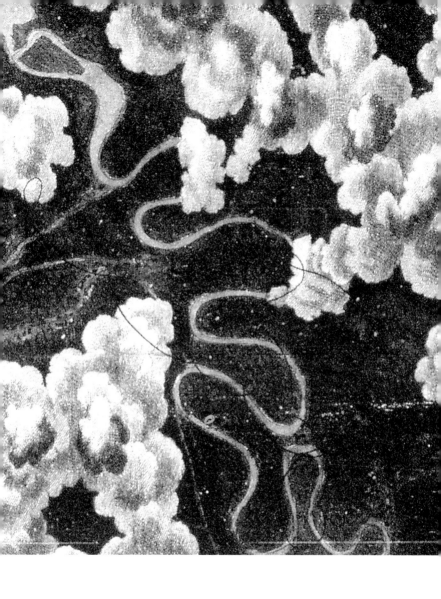

地球的表面和包围地球的大气层。如果按比例尺缩小，半径约 6400 千米的地球在图上的半径是 32 厘米。大气层的厚度如图所示。

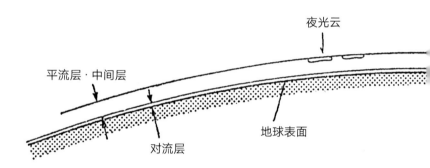

夜光云

平流层·中间层

对流层

地球表面

大多数的云在对流层形成。与地球的尺度相比，我们生活的对流层非常薄，地表景观就像薄薄一层肥皂膜，而这座建筑的空间比例就类似于地表景观和地球的尺度关系。

人造卫星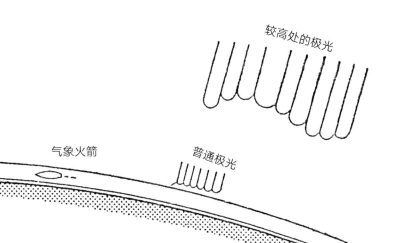

较高处的极光

星

气象火箭

普通极光

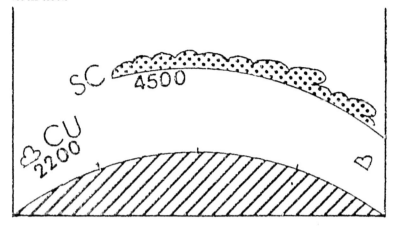

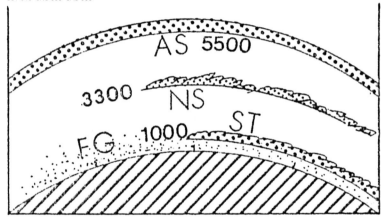

航空气象观测中云的记录方式。云量是指云覆盖整个天空视野的比例。如果云占全天视野的八成，则总云量计为 8。图中的英文缩写含义：SC 为层积云，CU 为积云，AS 为高层云，NS 为乱层云，FG 为雾，ST 为层云，AC 为高积云，CI 为卷云，CB 为积乱云。

这个项目试图让建筑既能适应自然环境的巨大尺度，也能接近人的尺度。通常，一座"巨型结构"（mega-structure）的结构体会被设计得异常夸张，比如用 3 米高的梁支撑 50 米跨度的吊顶。这种尺度往往与我们日常生活的尺度相距甚远：一种空间低矮、私密、触手可及，另一种空间则像伸向地平线的景观一样，广阔、开放。将这两种空间尺度协调地融合到一起，便形成了一种新的空间尺度。那里没有一根柱子，一整片厚 10～50 毫米的薄薄的屋顶仿佛飘浮在空中，就像我们平时看到的天空，在无边无际的地球表面的衬托下显得十分低矮一样。要想使人工与自然的界限消失，从而创造新的环境，亲密的小尺度与无法估量的巨大尺度之间的二元性是不可忽视的。

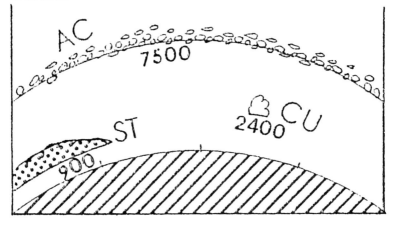

3ST 009 7AC 075

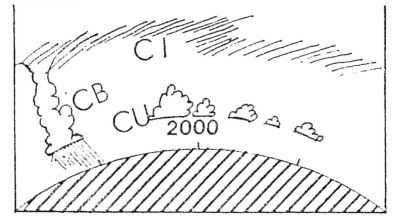

5CU 20 1CB 20 7CI//

模型 1：23

天空、云、陆地与海洋，抑或沙漠、湖泊、森林与草原，它们都仿佛画在球面上的图案，彼此交界处的空间很难定义。仔细一看，剪纸般的大陆和蕾丝般的云层之间有一层非常薄的空间，这是一个比例像肥皂泡膜一样的环境，包含了各种不同的尺度。我们就生活在这里。

宇航员在大西洋东南部海岸上空拍摄的照片。这条带状云延伸到大西洋上空，在它下面汇集披这大量低温和水蒸气的持续的西北风。

模型 1:23

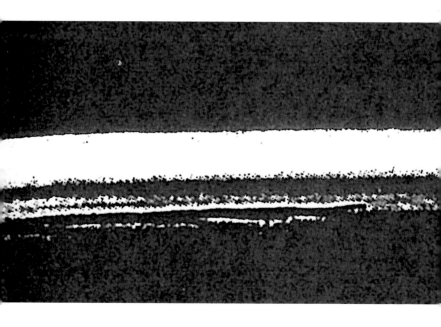

半室外空间构成了建筑的主体，丰富了餐厅等各种功能空间的环境，同时也维持着这种丰富性。这就像薄薄的、虚幻不定的大气层在真空的宇宙中维持着丰富的地球环境一样。半室外空间是建筑与景观的中间地带。它既是室内的也是室外的，蕴藏着形成新的环境的可能性。这种新的环境，无论是作为庇护所的建筑还是作为外部空间的景观，都很难（单独）实现。

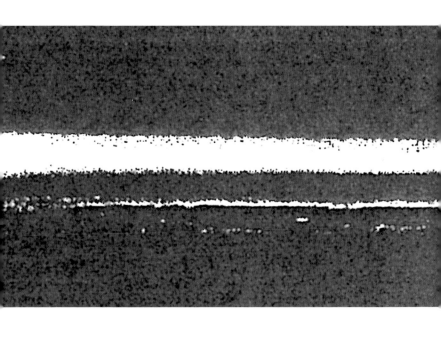

中国北方的大兴安岭。地表在长期的侵蚀作用下，起伏减小到接近海平面的高度，几乎被夷平，这种地貌被称作"准平原"（peneplain），是一种老年期地貌。被大面积侵蚀的山谷很浅，仿佛大海的波浪，山脊看起来像地平线一样。

云层像颠倒的崎岖岩石，连绵的丘陵像凝固的海浪。自然界具有抽象性，特定景观可以借其他事物转述表达，也许建筑也是如此。这座建筑的吊顶像天空一样轻盈、无边无际，地板像大地一样广阔。同时，它们也都具有草原的特征。

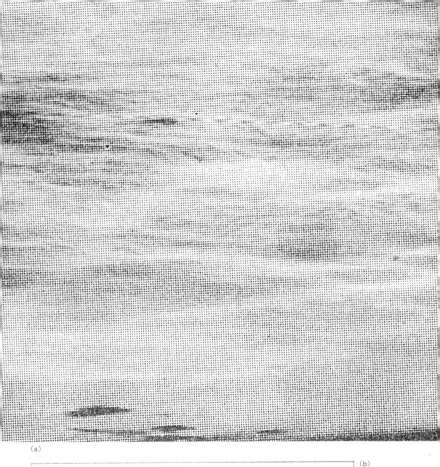

(a)

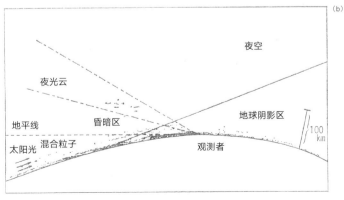

(b)

夜光云的中心大约位于海拔 82 千米的地方，像面纱一样覆盖在高纬度地区上空。当太阳在地平线附近时，阳光从下方照射到云层里，使夜光云看起来泛着冷白光。图（a）为从地面看到的夜光云，能辨认出云上有海浪一样的图案。图（b）为夜光云显现时的位置关系示意图。

阳光带着微妙的倾斜角度，穿过浮空滤镜般的屋顶，使空间在每一天、每个季节都产生多样的变化。

随着季节变化，覆盖屋顶植物的茂密程度、叶片排列与颜色等也在不断改变。不论晴天雨天，每日的天气变化都在屋顶下的空间中实时反映出来。有的地方光能照进来，有的地方光被遮挡；有的地方能落下雨滴，有的地方雨被挡住；有的地方有风吹过，有的地方没有风。在这个空间中，各种各样的日常天气现象交替出现，形成新的环境。从餐厅可以远望到这些景象的变化。在屋顶与地板之间生成的这些景观，使空间的性质变得多种多样。

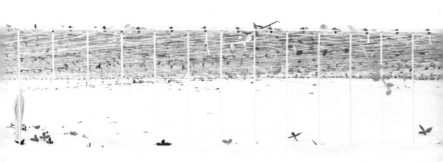

地球上所能制造的可以一眼看到尽头的最大空间，是延伸到地平线的景观。即便可以建成一个比它还大的一室空间，这个空间也会因为地表的曲率而被截断。当然，景观会随着我们的移动而变化，并无限延伸，但它的大小看起来几乎一样。用地球上最大的空间单位来思考空间，或许会对如何超越以往的人造环境，比如建筑或建筑的集合——城市，从而创造出新尺度的环境，提供一个切入点。

延伸到地平线之外、顶部呈小塔形状的堡状高积云。这种云会生成艳丽的晚霞。

居住在天空中

Sky

高度的概念中蕴藏着广泛的可能性。

比如，水平方向的尺度感与垂直方向的尺度感完全不同。如果在街上走 30 米远，周围的风景或许变化不大。然而，如果登顶一座 10 层高楼，也就是大约 30 米高的地方，看到的风景和在地面上则完全不同，环境的变化率也完全不同——垂直方向上的环境可以在细微的尺度上发生明显的变化。然而，现代的高层建筑并没有将这种可能性纳入空间中。

或许正是高宽比，即建筑物的高度与平面宽度的比值，限制了高层建筑的可能性。无论看起来多么纤细的超高层建筑，它的高宽比几乎都在 8 以下。这个比值是由现代建筑技术的极限决定的。要想设计一座极其高耸的建筑，就必须考虑一个非常大的平面，或者将其设计得像金字塔一样，底部面积巨大，越往上面积越小，只有上层的部分是细长的。无论如何，建筑越高，平面就越大，建筑的内部与外部空间就离得越远。无论建筑有多高，人们都只能欣赏到窗边的风景。这种建筑的整体与建在地面上的巨大的人造室内空间没有什么区别。

我想找到一种全新的高层建筑的比例。这同时意味着要考虑一种超越现有建筑常识的新的构筑方法。它不同于那种立于大地之上、将一切荷载传给地壳以支撑建筑的思路，而是需要将地球的离心力、地球的磁场、空气的浮力等因素都考虑进去，脱离现有的构筑方法所处的维度。

如果建筑的比例超出常规，比如变得无限细长的话，给人感觉就不像是建在地面上，而更像是建在空中。这时，天空本身直接成为建筑的环境。

在那里，一定会展开一个前所未有的新世界。

模型 1：3000

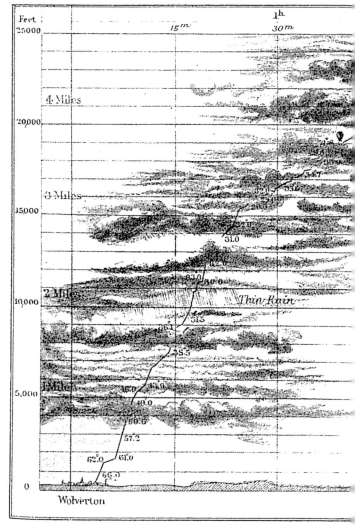

英国气象学家詹姆斯·格莱舍（James Glaisher）绘制的气象侧视图。格莱舍使用热气球进行了 28 次气象观测，这张图是根据 1863 年 6 月 26 日的观测结果绘制的。在一个持续半小时、距离长达 80 千米的飞行过程中，他遭遇了雨、雷、雾等天气，体验了从酷热到严寒的气温变化。

在我的设想中，建筑的内部环境直接由天空的尺度来塑造。这样，建筑就具有了可与广袤的大地相比拟的尺度。同时，从整体来看，这将创造一种密度极其稀薄、与既有环境完全融为一体的城市。在那里，每座建筑都自由穿梭于变换的季节、天气、风景中。

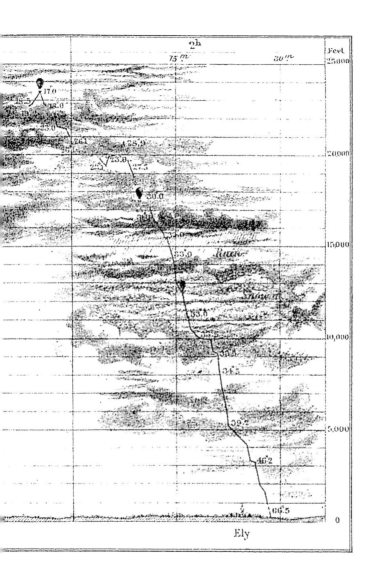

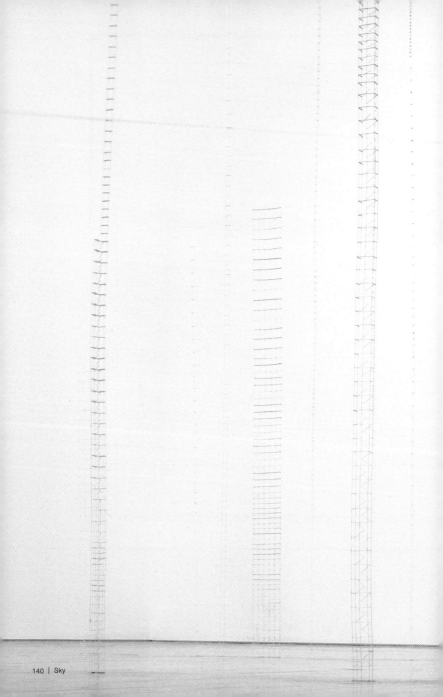

模型 1：3000

航线预报是指飞机沿某条航线飞行所需的天气状况垂直断面预测图。

每座建筑的比例都包含了日常生活的尺度和地球环境的尺度。比如一栋高层建筑的层高相对于平面的大小显得格外高，就会给人一种仿佛身处空中的开放感。由于楼层的间距非常大，哪怕只是登高一层，也会看到完全不同的景色。虽然像一般的高层建筑一样，各个楼层都是重复的，但每层都有完全不同的环境，风景、天气、气候都随着楼层而改变。所有这些不同的环境共同组成一座建筑。

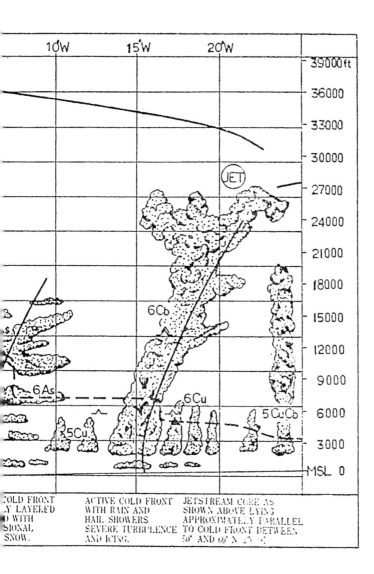

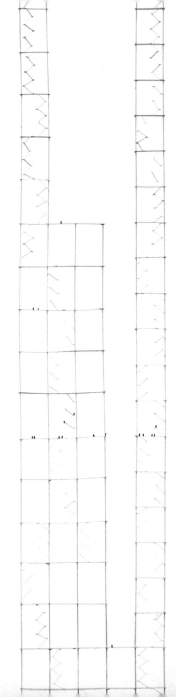

热带稀树草原拥有不同高度的植物，因此不同种类的哺乳动物之间不会发生过度竞争，都能获得充足的食物。

每种生物都有自己的尺度。我们人类或许是在不断寻找一种可以在各种尺度之间自由来去的生存方式。

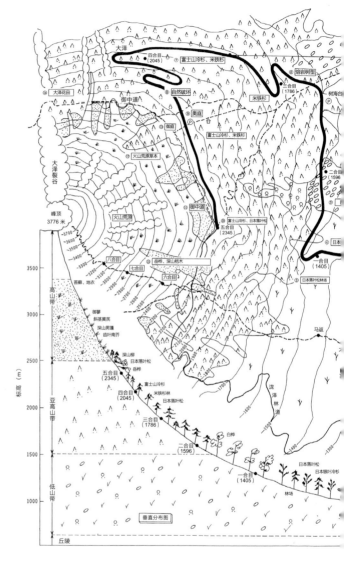

译注：

1. 富士山按高度分成 10 合目，用"一合目""二合目"……来表示从山脚到山顶的 10 个高度位置。

2. 袖群落原文为"ソデ群落"，由宫胁昭定义，指围在衣群落外边缘的草本植物群落；衣群落原文为"マント群落"，由宫胁昭定义，在森林与草地、水边等开阔景观相接的地方，由藤本植物和灌木构成的将森林包围的林地边缘群落。

富士山的植物群落分布图以及垂直分布图

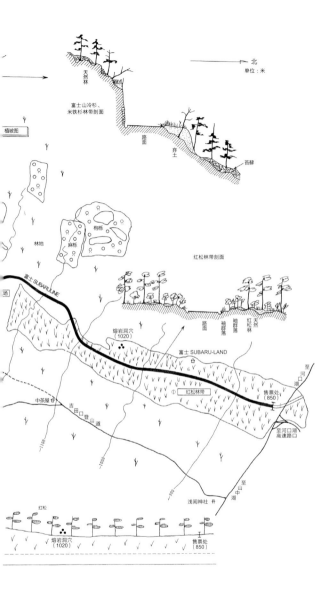

是否可以将山地环境的多样性纳入建筑内部？这样，在建筑里漫步就像登山一样。

巨杉是地球上最高大的生物，巨杉林就像巨人生活的城市。我们最多可以将生活的尺度扩大到什么程度？

现存巨杉的树高超过 80 米。

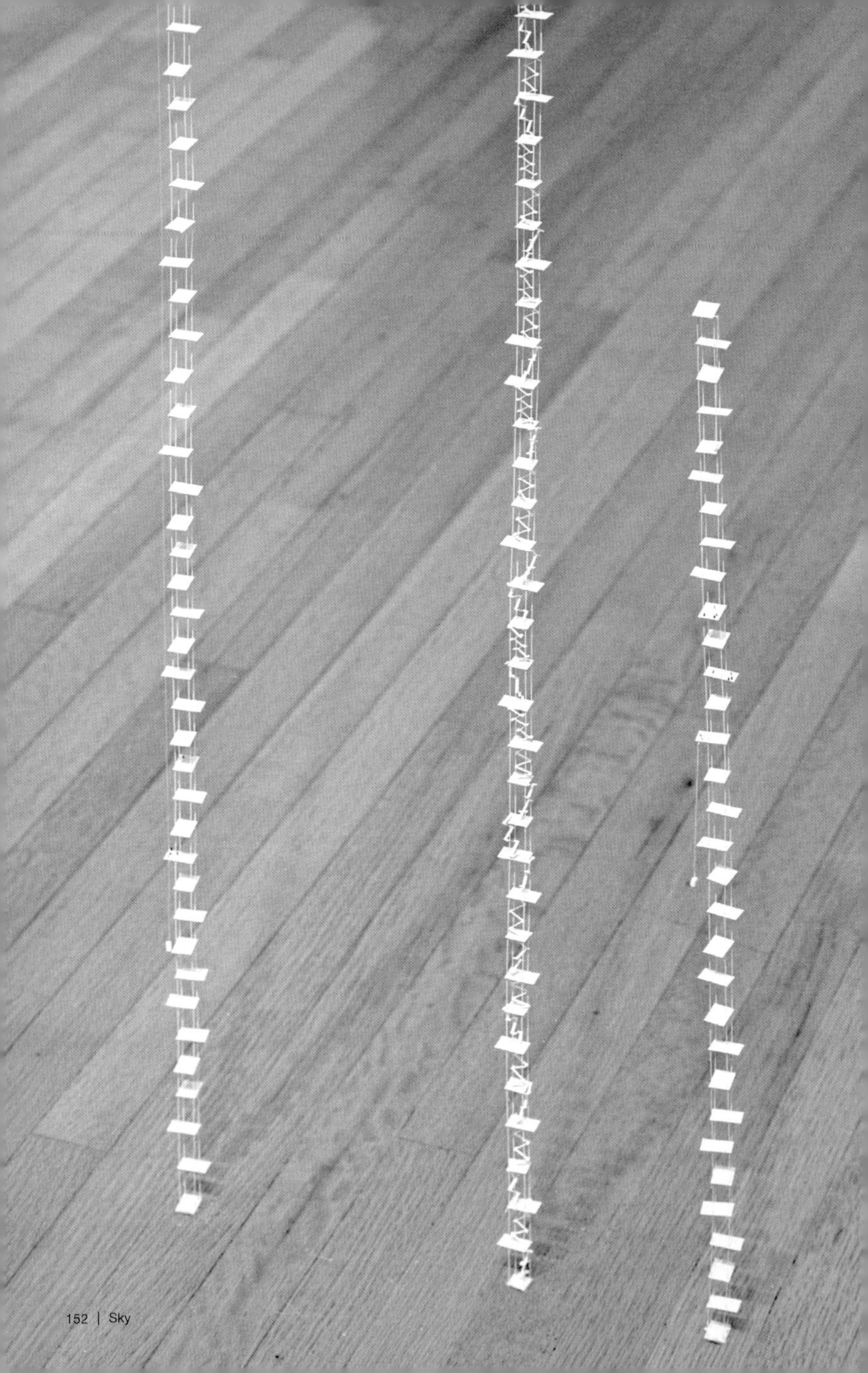

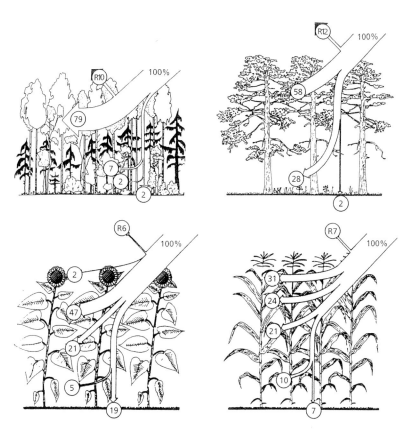

一些植物群落中的辐射衰减示意图。左上为北方桦树与云杉的混交林，右上为松树稀疏林，左下是向日葵地，右下是玉米地。R 是植物群落的反射率。在叶片扁平茂密的群落中，大部分入射辐射在群落上方 1/3 范围内被吸收和散射。在叶片窄而直立的群落中，光的分布更加均匀。

森林、草原在水平和垂直方向上都具有丰富的环境。是否可以将环境的多样性自由地纳入建筑中，而不受水平或垂直方向的制约？

模型 1：3000

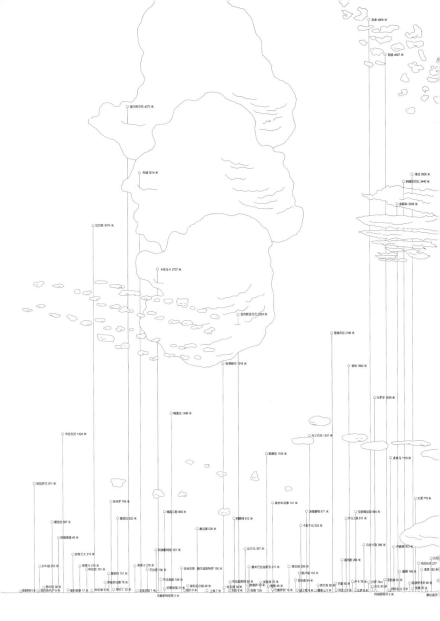

世界各地的城市处于同一个巨大的环境中,它们在水平和垂直方向上的分布都极其广泛而多样。或许也可以说,我们生活在天空中的各处。

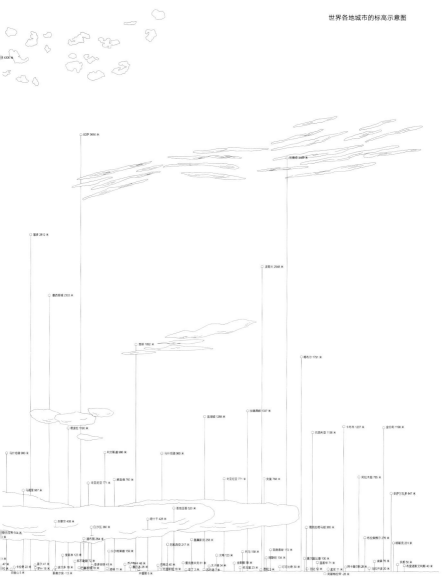

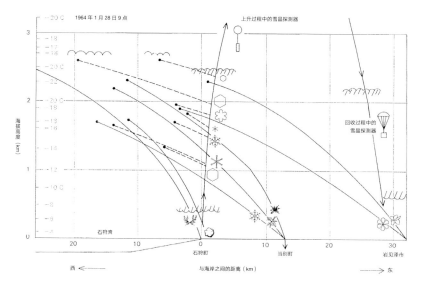

红松林带剖面

上升过程中的雪晶探测器

1964 年 1 月 28 日 9 点

海拔高度（km）

回收过程中的
雪晶探测器

石狩滨

石狩町 · 当别町 · 岩见泽市

西 ← · 与海岸之间的距离（km）· → 东

在热气球上升的过程中，将雪晶捕捉装置"雪晶探测器"释放于气压 500 毫巴（相当于 500 百帕）、海拔高度约 5.5 千米的地方，然后在地面上将其回收。依据探测记录，可以推断出雪晶的形状、形成的位置和下落的轨迹。

雪不是从正上方落下的，而是从很远的地方被运送过来的。是不是每一次的雪花，都是从天空中水平方向上的不同位置飘过来的？

如果把全世界的山都集中到一个地方，一定像一个充满巨大摩天楼的大都市。如果从山的尺度来思考建筑，这些建筑构成的城市就会变成山脉一样的景观。

绘制于 19 世纪 60 年代的世界山脉图解

SOUTH AMERICA

AFRICA

EUROPE

Greatest altitude attained
by Humboldt 19400

Pass 18600

Pass of
Guahuas 17620

Pass 16100

Karakoram Pass
18601

Snow line North Side Himalaya Mts. 17000
on the Southern Slope 15000

Region of Iachens & Umbilicana
Humboldt

Shatool Pass 15700

Table Land of Pamir

Tsimereri L. 15000

Snow Line of the Caucasus MG 10700

Buende Pass
8600

Snow Line of the

Potosi 13314

Pass of the Lit. St Bernard
7192

Glacier of the
Maladetta
8760

Brena
7863

St Veran
6698

L. Fo de Vandasque
7211

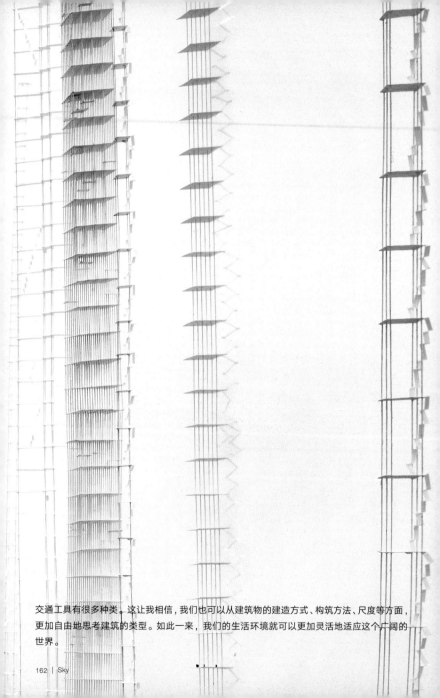

交通工具有很多种类，这让我相信，我们也可以从建筑物的建造方式、构筑方法、尺度等方面，更加自由地思考建筑的类型。如此一来，我们的生活环境就可以更加灵活地适应这个广阔的世界。

“维京人 5 号”被发射到高层大气中高度 199 千米的地方。图片来源：Glenn L. Martin Co.

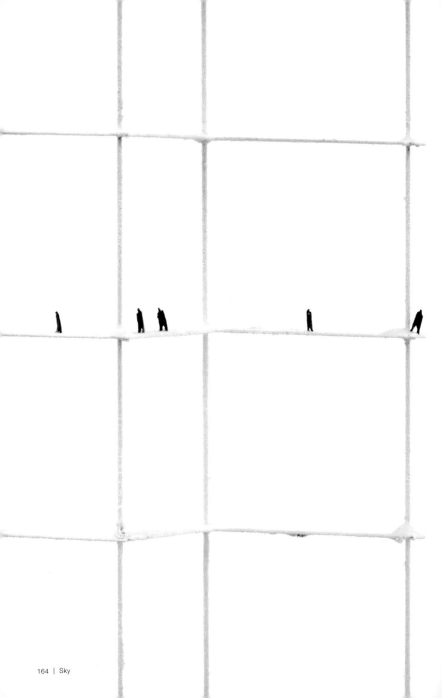

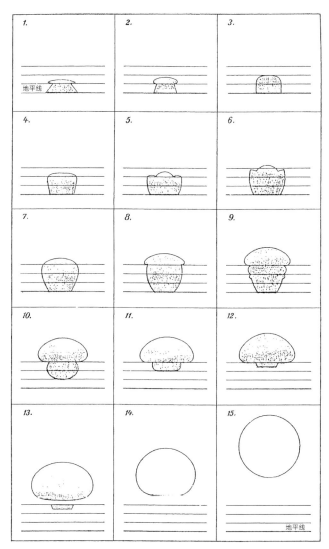

日出时太阳的形状变化（1890 年 5 月 21 日观测）

在天空的高处，早晨的阳光是下方照射进来的。建筑的吊顶就像朝霞中的云一样被染成红色。

作为地球上的生灵之一，鸟类的生活范围大得令人惊讶。候鸟的生活环境在水平和垂直方向上都接近地球的尺度。如果要建造一种极其广阔且低密度的城市，或许意味着要寻找一种地球尺度上的新的生活方式。

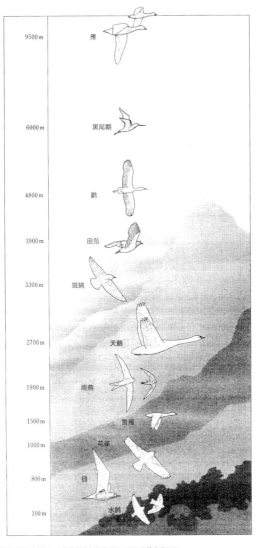

9500 m　雁

6000 m　黑尾鹬

4800 m　鹤

3900 m　田凫

3300 m　斑鸫

2700 m　天鹅

1900 m　雨燕

1500 m　雪雁

1000 m　花雀

800 m　鸻

100 m　水鹨

各种候鸟的最高飞行高度记录。大部分候鸟在海拔 100~1500 米的高度飞行。

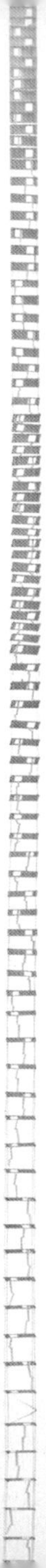

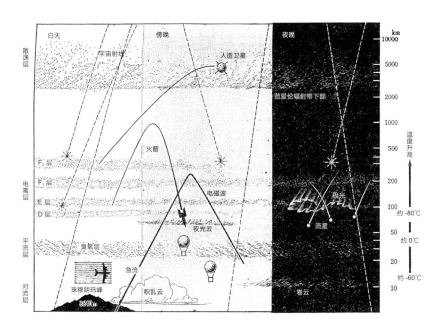

地球大气的垂直结构。地球大气按照温度分布，在垂直方向上分为 4 层。

大气是有结构的，它由多个空气层堆叠而成。这简直就像建筑一样。

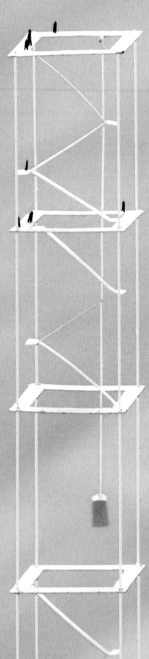

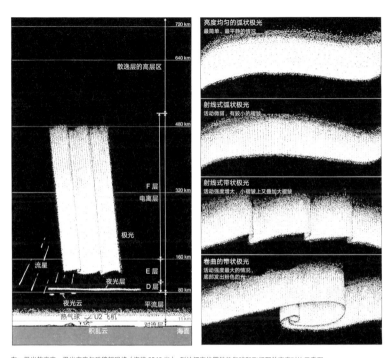

左：极光的高度。极光高度与珠穆朗玛峰（海拔8848米）、到达超高位置的热气球和飞行器的高度对比示意图。

右：极光的基本形态。极光基本呈帘幕状，当活动变得剧烈时，会生成各种褶皱。褶皱的尺度随活动强度的增大而增大。

从侧面看极光时，可以看到光幕将天空分割，持续改变着空间的广阔度。

当建筑物越来越高、离地面越来越远时，高度的概念在某个时刻会转化为距离的概念。此时，把水平距离看作"长度"、把垂直距离看作"高度"的空间概念会消失，而高层建筑会向无限远处伸长。换句话说，我们可以不再按照沿地面的二维延展角度来审视环境，而是终于将水平和垂直方向等同起来了。

参宿四

25

300 光年

离得更远的时候，距离就要以时间来丈量。我们在夜空中看到的每颗星星的光芒，都来自遥远的过去。随着与它们之间的距离越来越远，改变的不仅是文化和环境，更确切地说，是时间再也无法同步。是否有一天，我们可以用那样的尺度来思考建筑？

外太空事物之间的非同步性。参宿四爆炸发出的光不会同时到达地球和毕宿五，因为它们之间的距离相差非常大，从两处观测到爆炸所需的时间也不同。

毕宿五

53光年

地球

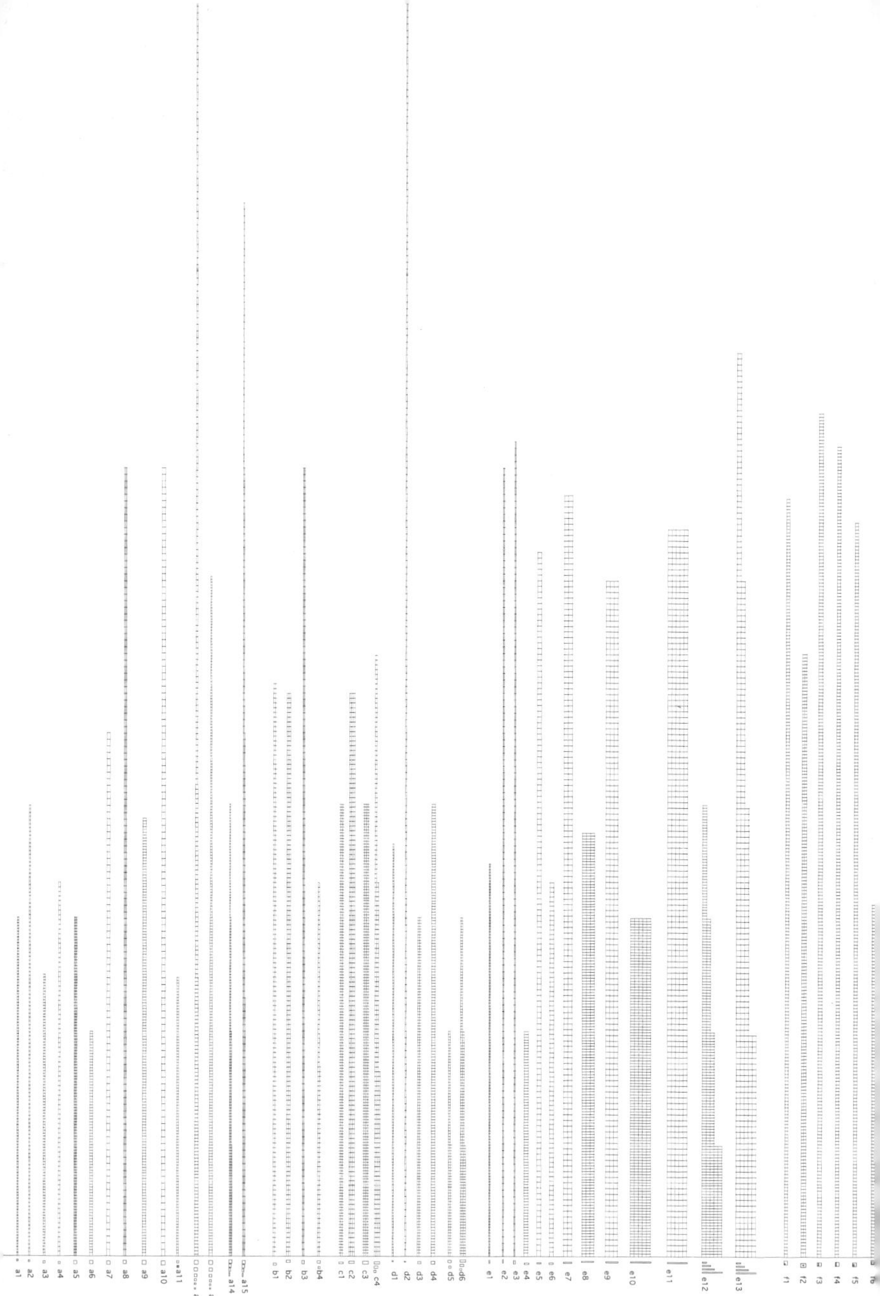
a1
a2
a3
a4
a5
a6
a7
a8
a9
a10
a11
a12
a13
a14
a15
b1
b2
b3
b4
c1
c2
c3
c4
d1
d2
d3
d4
d5
d6
e1
e2
e3
e4
e5
e6
e7
e8
e9
e10
e11
e12
e13
f1
f2
f3
f4
f5
f6

立面图 1：75000

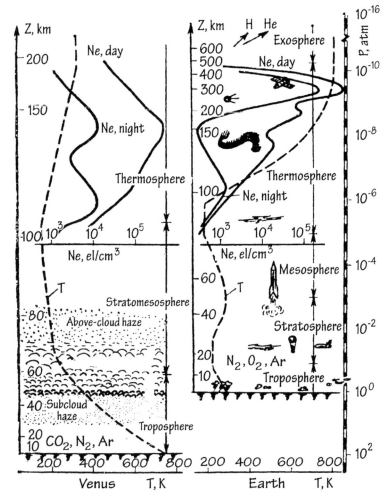

金星、地球、火星、木星的大气结构。图中央的刻度表示木星以外的每个行星上，从地面算起的高度所对应的大气压力（单位为标准大气压）。图中还显示了温度、电子的密度以及云的结构。

用天空的尺度来思考建筑，或许就像创造各种细长的大气结构。比如每个行星的天空都与地球的天空非常不同。地球的落日是红色的，火星的落日却是蓝色的。地球上的云仅在距离地面大约 10 千米的高度范围内形成，但金星上的云在 60 千米以上的高空也常常出现。对于木星这种气体行星，可以认为天空一直向下延伸到非常深的地方。那么高的天空是一种怎样的感觉？

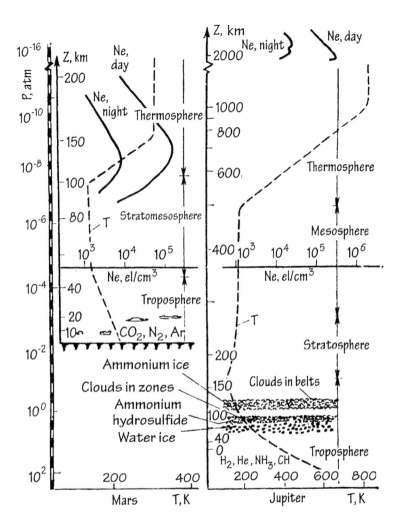

这跟地球上薄薄一层的天空完全不同。在某些条件下，具有天空尺度的建筑，其内部空间也是天空尺度的，会形成独特的小尺度天气现象。这种尺度的建筑不仅可以在天空这个巨大环境中自由来去，或许还可以在建筑内部创造出一个个小型的"天空"。天空自身即是一个总是处于动态变化中的巨大空间。

用雨来建造

Rain

我想建造一种建筑，它的尺度与构成自然现象的基本要素的尺度相同。与通常的建筑相比，它的尺度非常小，二者不在同一维度。当构造一个事物的时候，我们不可能超越支配这个世界的基本物理定律。在自然现象的维度建造建筑，可以说是在遵循世界的基本原则的前提下突破建造的极限。

比如，空气中的水蒸气聚集形成云，以雨的形式落下。我试着以这样的尺度来建造建筑。

这样一种建筑具有前所未有的、如空气一般的透明性。换句话说，空无一物的空间与作为框架的结构体之间的界限将不复存在。这需要将建筑看作空气，它环绕在我们周围，填满所有的空间，并且不断扩散。

那么，透明的空气实际是什么？空气由氧气、氢气、水蒸气等多种分子构成，这些分子由4原子、基本粒子等形成自身独特的结构，空气就是这些结构的混合物。那些结构小到肉眼看不到，已经远远脱离了日常的尺度。最终我们实际感觉不到那里有什么，而是将那些由大量的微小结构体组成的混合物看作一种透明的空洞，即空间。

透明的空间中充满看似空无一物的空气，而建筑的结构体作为一种实体，是为空间赋予形式的框架。我把空间与结构体的两种尺度等价看待，然后将建筑按照空气这种极小尺度的混合物来设计。如此一来，空间与结构体之间的界限会变得无限模糊，两者看起来仿佛是同一种自然现象，几乎没有区别。实际上，我们确实是将日常中的自然现象感知为风景或者空间。当把自然现象与建筑同等看待时，我们可能就到达了空间建构的极限。

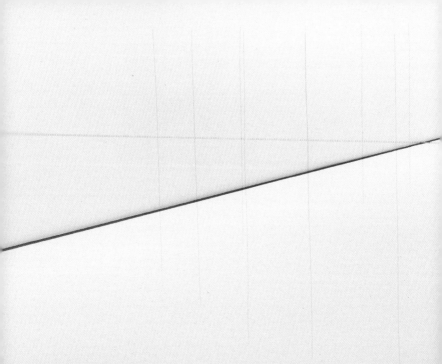

模型 1 : 1

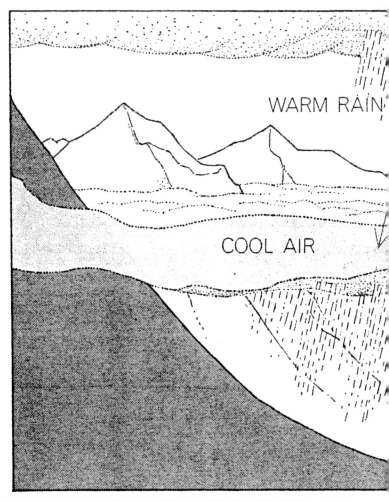

WARM RAIN

COOL AIR

当雨滴从高处云层落下，接触到地面附近的冷空气时，就会形成温暖的雨雾。雨滴蒸发后，再扩散到冷的空气层中。如图中所示，从谷底向上看时，雾看起来就像低处的云层。

柱子作为压缩材料，直径为 900 微米，细线作为拉伸材料，直径为 20 微米。雨滴的直径为 200~2000 微米，云滴的直径约为 20 微米。这座建筑是由雨滴尺度的柱子和云滴尺度的细线构成的。在建筑中立起 54 根雨柱，就像降雨到地面上；拉起 2808 根云线，就像在天空中形成了云。于是，一座仿佛溶于空气的、十分透明的建筑诞生了。我被它的透明性所吸引，因为这反映了建筑空间的本质。

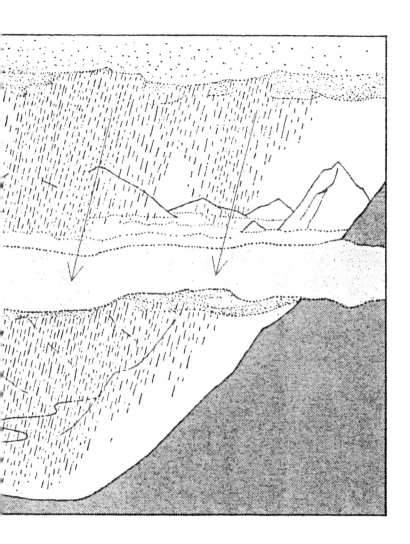

雨天的景色跟平时不同。它是在一个有限的区域里，由雨云和雨滴创造的空间。与地球的尺度相比，这个区域非常小。就像墙、地板、吊顶将建筑分隔成一个个房间一样，雨也在广阔的景观中创造出一个个小空间。

从积乱云中落下的局部大雨

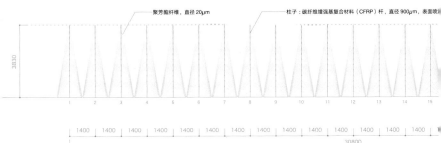

聚芳酯纤维，直径 20μm

柱子：碳纤维增强基复合材料（CFRP）杆，直径 900μm，表面喷涂

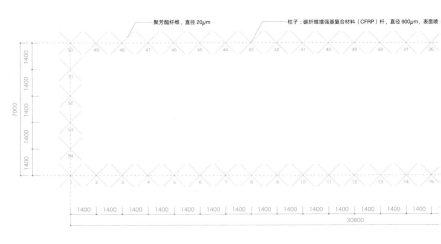

聚芳酯纤维，直径 20μm

柱子：碳纤维增强基复合材料（CFRP）杆，直径 900μm，表面喷

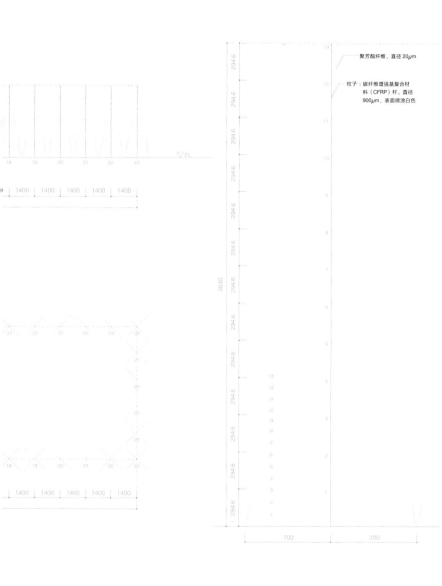

聚芳酯纤维，直径 20μm

柱子：碳纤维增强基复合材料（CFRP）杆，直径 900μm，表面喷涂白色

上图：立面 1:200；下图：平面 1:200；右图：柱子立面详图 1:30

	N1a		C1f		P2b		P6b		CP3d		R3c
	N1b		C1g		P2c		P6c		S1		R4a
	N1c		C1h		P2d		P6d		S2		R4b
	N1d		C1i		P2e		P7a		S3		R4c
	N1e		C2a		P2f		P7b		R1a		I1
	N2a		C2b		P2g		CP1a		R1b		I2
	N2b		P1a		P3a		CP1b		R1c		I3a
	N2c		P1b		P3b		CP1c		R1d		I3b
	C1a		P1c		P3c		CP2a		R2a		I4
	C1b		P1d		P4a		CP2b		R2b		G1
	C1c		P1e		P4b		CP3a		R2c		G2
	C1d		P1f		P5		CP3b		R3a		G3
	C1e		P2a		P6a		CP3c		R3b		G4
											G5
											G6

在这座建筑模型中，柱子的布局十分古典，像神庙中的列柱一样。同时，平面图和立面图看起来仿佛是晶体，其形状取决于无形的力的流动性与稳定性。模型整体是建筑的尺度，但其中结构体的尺度与雨滴、云滴的尺度一样。也许，在建筑设计的抽象性和自然现象的抽象性之间，有一种我们仍不知道的新的抽象性。

赫塞尔（Hessel）的晶体测定法。虽然人们觉得晶体的种类很丰富，但可以用几何的方法证明，晶体形态只有32种对称要素的组合形式，而且对称旋转轴只可能有二次轴、三次轴、四次轴和六次轴（此处未提及一次轴——译者注）。

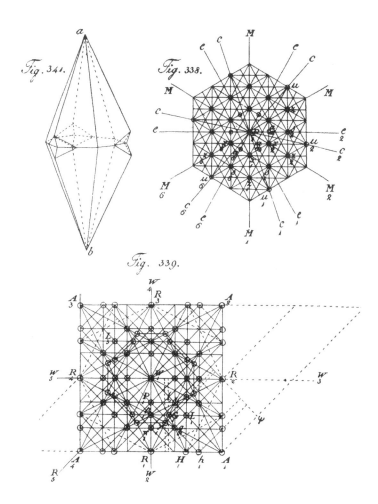

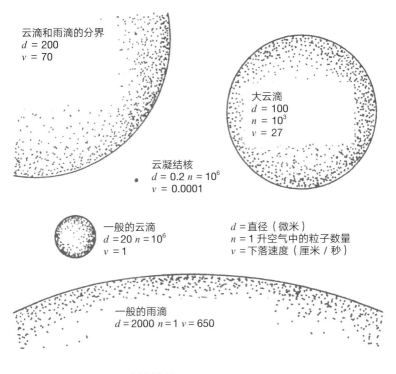

云滴和雨滴的分界
$d = 200$
$v = 70$

大云滴
$d = 100$
$n = 10^3$
$v = 27$

云凝结核
$d = 0.2$ $n = 10^6$
$v = 0.0001$

一般的云滴
$d = 20$ $n = 10^6$
$v = 1$

d = 直径（微米）
n = 1 升空气中的粒子数量
v = 下落速度（厘米 / 秒）

一般的雨滴
$d = 2000$ $n = 1$ $v = 650$

云凝结核、云滴、雨滴在大小、数量、下落速度上的对比

将碳纤维板卷成直径 900 微米的管状，喷涂白漆，作为柱子。它们的直径比一般的雨滴还稍小一点。

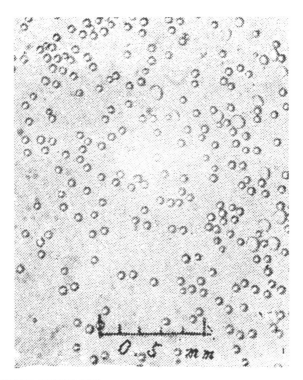

云滴在显微镜下的样子。它们直径约为 25 微米。

将聚芳酯纤维制成的细线拆开，从中取出一根一根的纤维。它们的直径为 20 微米，和一般云滴的大小差不多。

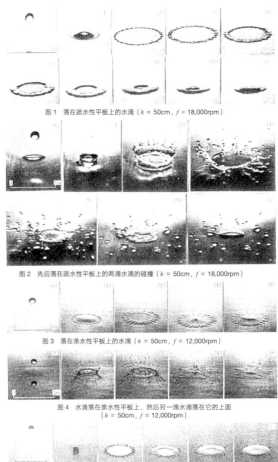

图 1　落在疏水性平板上的水滴（h = 50cm，f = 18,000rpm）

图 2　先后落在疏水性平板上的两滴水滴的碰撞（h = 50cm，f = 18,000rpm）

图 3　落在亲水性平板上的水滴（h = 50cm，f = 12,000rpm）

图 4　水滴落在亲水性平板上，然后另一滴水滴落在它的上面
（h = 50cm，f = 12,000rpm）

图 5　落在方格纸上的水滴（h = 50cm，f = 12,000rpm）

水的飞溅过程及周围的状况。可以观察到在不同的下落条件下，多种水滴从成型到坍塌的冠状形态。

列柱的搭建现场。柱子像雨滴的轨迹一样柔软。线的粗细和云滴的大小一样，肉眼无法看到，只有通过灯光的反射才能看清。自然现象会忠实地反映条件的细微差异，所以我想通过组合各种不同的自然现象来建造建筑。

云滴和雨滴相互碰撞、融合概念图。图中有三种大小不同的粒子。它们分别具有不同的下落速度（$V_1 > V_2 > V_3$），所以互相之间会发生碰撞。

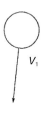

连续发生的自然现象在空间中不断创造着结构体。

体积的对比。气体中的粒子相互距离较远，可以自由地来回移动。而液体或固体中的粒子靠得很近，所以会抑制彼此的运动。常温常压下，一定数量粒子的气体体积是固体或液体体积的 1000 倍。

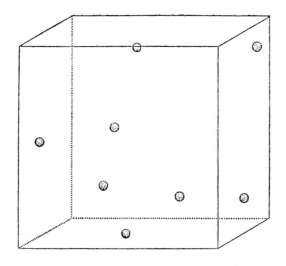

就像水从液态变为气态一样，当构成建筑的结构体的密度变得无限小，和气体一样稀薄时，古典的列柱空间就会转变为一个拥有全新尺度的空间。技术的进步也许可以让建筑设备或结构体越来越小，从而使建筑更接近自然现象。如今我们可能已经非常接近这个目标了。未来的建筑的变化或许不是在于样式，而是在于尺度。

广阔的环境中存在很多肉眼看不见的结构体，远远超出了通过可见光能看到的空间的范围。这些看不见的结构体为环境提供了无尽的广度，大可至宇宙，小可至基本粒子的尺度。当我们将建筑与环境同等地对待时，或许也会像设计可见的空间那样来设计不可见的次元空间。

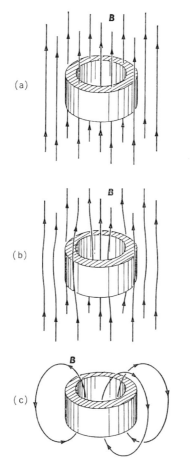

图中是一个位于磁场中的超导状态下的环。先施加一个贯穿超导体环的磁场（a），然后将环冷却至超导状态（b）。磁场由于迈斯纳效应被推出环外，但穿过环中心的磁通量仍然存在。这时如果把外部磁场去除，穿过环中心的磁通量将永远被保存在环内（c）。

被细线包围的柱子，以及柱子和地板之间连接点的频闪摄影局部放大图。

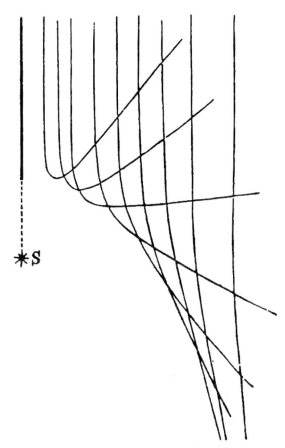

粒子受到排斥力时的轨迹。粒子所受排斥力与其到力的固定中心 S 点的距离的五次方成反比。

传递荷载的结构体由难以察觉的细线和柱子构成，并形成一种模糊的空间。这种空间看起来也似乎在传递着力。照片中作为结构的细线若隐若现，包围着柱子，创造出更多微小的空间。结构体仿佛也拥有了像空间那样的透明性，让人感觉空间与结构几乎是同等的存在。

柱子与细线交接处的频闪摄影局部放大图。

(a)

(b)

(c)

电子显微镜拍摄的被削尖的纤维。(a)(b)(c)三张为依次放大的照片,纤维宽度分别为(a)123微米、(b)5.6微米、(c)227纳米。(c)中心的白色区域是被削尖的核,周围的灰色膜是用电子显微镜观察时附着的污染物。

纳米技术等新尺度的技术正在不断发展。现代建筑还不具备足够的包容力来吸纳这些尺度的技术。目前的纳米技术主要还是关于材料的开发,如果有朝一日,建筑的构筑方式能被这些技术彻底革新,也许我们就可以构想一些此前从未设想过的未知的空间。

细线与地板接合处的频闪摄影局部放大图。

在这座建筑中，无法确切地说作为实体的结构体是否存在、空间是否存在，但可以确定的是，那里有力的传递，有几何性的构筑物，空间由此诞生。这是一种类似于环境的建筑，它像空气、分子、原子、基本粒子一样包围着我们，也是一种用空间的基本要素来思考建筑的尝试。

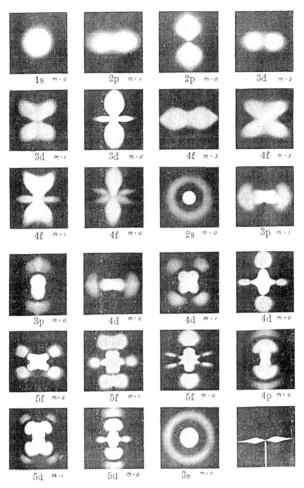

物理学家薛定谔提出的电子云。他用这种扩散的云模型来描述原子的结构，以此显示电子存在的概率。照片为氢原子的不同状态。

复杂交错的细线的频闪摄影局部放大图。

在基本粒子物理学中，自然界有四种基本力，除了传递重力的基本粒子重力子（graviton），其他都已被确认。在不久的将来，我们可能会发现重力的源头，而这直接关系到建筑的构造性和建筑设计的根本。同时，在这个理论中，物质和力被置于同等的地位。如果为建筑的结构体赋予具体形式的"物质"和在结构体中传递的"力"可以被同等地对待，建筑成立的根本就会发生改变。当然，虽然我们还不能通过设计来创造构成自然现象的基本要素，但至少可以在思考如何创造一个空间的时候尝试逼近构筑性的极限，这样或许就能创造出终极的建筑空间。

物理学家卢瑟福进行的元素的人工转换。在充满氮气的云室中放置 α 粒子放射源，然后拍摄了这张照片。其中一条 α 粒子的轨迹发生分叉，分成两条轨迹，因为 α 粒子在那里与氮气发生碰撞，氮核转化为氧核和质子。这意味着该元素被成功地进行了人工转换。这项实验的成功，让古代炼金术试图改变化学元素的梦想得以成真。

第 12 届威尼斯建筑双年展上展示了一个同样的模型。

宇宙空间最深处的星系分布图。这张图的天空视野大小由一个顶角为 6 度的直立棱锥的正方形底面所限定。即便是这样小的天空中，也有 1 万个以上的星系，它们之间的平均距离是 28 亿光年。如果把范围扩大到整个天空，并且把星等 20.5 以内的星系都统计在内，星系数量会变得十分庞大，这样是无法对整个天空的星系分布进行研究的，同时，星团之间没有明显的聚集性，它们的分布看起来几乎是随机的。

如果把我们感知的空间范围无限延伸，再庞大的事物从远处看也只是一个小点。一切尺度都是可以自由伸缩的。如果把所有尺度都纳入建筑中，建筑就不再是围合着一个有限空间的遮蔽物，而是变成了一种如环境一般无限延展的事物。在它的延展中，我们或许无法看到一个确切的整体，一切都是模糊和暧昧的。

模拟云的层积 1：2500

2010 年

5500mm × 7600mm × 9600mm

规划一片森林 1：50

2009 年

100mm × 1850mm × 1850mm

小柳画廊中庭

规划一片森林（影像）

2010 年

9 分 51 秒

塑造地平线 1：23

2010 年

100mm × 8600mm × 16030mm

居住在天空中 1：3000

2010 年

尺寸可变

用雨来建造 1：1

2010 年

3850mm × 30800mm × 7000mm

由 Château la Coste 支持

模拟云的层积

012: 图片来自网络

016: 和達清夫監修『気象の事典 新版』東京堂出版、1974

019: 近藤純正『身近な気象の科学』東京大学出版会、1987

021: 小倉義光『お天気の科学』森北出版、1994

022: 影像制作合作者 Trick Star

023: 二宮洸三『豪雨と降水システム』東京堂出版、2001

026: 近藤純正『身近な気象の科学』東京大学出版会、1987

029: Stephen H. Schneider，Encyclopedia of Climate and Weather，Oxford University Press，1996

032: オットー・リリエンタール『鳥の飛翔』東海大学出版会、2006

035: 東昭『生物の動きの事典』朝倉書店、1997

038: オットー・リリエンタール『鳥の飛翔』東海大学出版会、2006

041: 吉野正敏『小気候 新版』地人書館、1986（中文版名为《局地气候原理》，郭可展等译，广西科学技术出版社，1989）

043: 山田圭一拍摄

046: 山田圭一拍摄

规划一片森林

054: Robert J.Morley，*Origin and Evolution of Tropical Rain Forests*，Wiley，2000

057: 沼田真『生態学の立場』古今書院、1958

059: 現代生態学の断面編集委員会編『現代生態学の断面』共立出版、1983

061: ヴォロンツォフ『森林保護の生態学』たたら書房、1965

064: 山岳都市研究会編『山岳都市の研究① 城山台調査報告書』御殿山土地建物、1976

067:「樹木の設計」編集委員会編『樹木の設計』産業技術センター、1977

069. F.Hallé，R.A.A.Oldeman，P.B.Tomlinson，*Tropical Trees and Forests*，Springer Verlag Berlin Heidelberg，1978

071: ヴォロンツォフ『森林保護の生態学』たたら書房、1965

074:『恐竜大百科事典』朝倉書店、2001

077: ユクスキュル、クリサート『生物から見た世界』岩波書店、2005

079: ユクスキュル、クリサート『生物から見世界』岩波書店、2005

081: 日高敏隆『チョウはなぜ飛ぶか』岩波書店、1975

083: エヌ・ペー・ナウモフ『動物生態学』ラテイス、1971

085: ユクスキュル、クリサート『生物から見た世界』岩波書店、2005

087: 黒田長久『鳥類生態学』出版科学総合研究所、1982

塑造地平线

094: 撮影 石上純也建築設計事務所拍摄

098: リチャード・ハンブリン『雲の「発明」』扶桑社、2007

102: 福地章『海洋気象講座』成山堂書店、2003

106: 伊藤博『飛行と天気』東京堂出版、1972

110:『われらの地球』朝倉書店、1975

114:『天気をよむ』東京理科大学特別教室、1999

118: 藤田和夫『日本の山地形成論』蒼樹書房、1983

122: 木田秀次『高層の大気』東京堂出版、1983

126: 中村徹編『草原の科学への招待』筑波大学出版会、2007（中文版名为《草原科学概论》，韩文军等译，内蒙古大学出版社，2015）

128: B. バックリー、E.J. ホプキンズ、R. ウィテッカー『ダイナミック地球図鑑 気象』新樹社、2006

居住在天空中

138: フィリップ・D・トムソン、ロバート・オプライエン『気象のしくみ』タイムライフブックス、1975

142: 伊藤博『飛行と天気』東京堂出版、1972

145: Bernhard Grzimek, *Grzimek's Encyclopedia of Ecology*, Van Nostrand Reinhold Company, 1976

148: 清水清『富士山の植物』東海大学出版会、1977

151: P.H.A. スニース『惑星と生命』ティビーエス・ブリタニカ、1976

153: W. ラルヘル『植物生態生理学 第 2 版』シュプリンガー・フェアラーク東京、2004

156: 石上純也建築設計事務所制作

159:『別冊サイエンス 特集 大気科学 自然現象に挑む』日経サイエンス、1977

161: Edward R.Tufte, *Envisioning Information*, Graphics Press, 1990

163: Eric Burgess, Rocket propulsion, *With an Introduction to the Idea of Interplanetary Travel*, Chapman and Hall Ltd., 1952

165: 柴田清孝『光の気象学』朝倉書店、1999

167: 桑原萬壽太郎『図説 生物の行動百科』朝倉書店、1983

169: 大河内一男『東京大学公開講座 5 宇宙』東京大学出版会、1965

171: 赤祖父俊『オーロラ写真集』朝倉書店、1981

173: L·P·ウィリアムズ『世界科学史百科図鑑 3 19 世紀』原書房、1993

176: C. キルミスター『宇宙へのとびら』ティビーエス·ブリタニカ、1976

180: Mikhail Ya.Marov，David H.Grinspoon，*The Planet Venus*，Yale University Press，1998

用雨来建造

188: Jearl Walker, *The Physics of everyday phenomena: Readings from Scientific American*，W.H.Freeman and Company，1979

191: 图片来自网络

194: 日本雪氷学会『雪と氷の事典』朝倉書店、2005

195: L·P·ウィリアムズ『世界科学史百科図鑑 3 19 世紀』原書房、1993

197: 高橋裕他編『水の百科事典』丸善、1997

199: 大田正次『雨』コロナ社、1959

201: 佐藤和郎·長江宜和「水の飛散とその周辺の現象」『月刊科学』1978 年 2 月号、岩波書店、1978

204: アラン·ホールデン、フィリス·シンガー『結晶の科学』河出書房新社、1968

208: 二宮洸三『豪雨と降水システム』東京堂出版（2001年石上純也建筑设计事务所以此插图为参考绘制）

211: ファインマン『ファインマン物理学 5 量子力学』岩波書店、1979

213: エミリオ·セグレ『古典物理学を創った人々』みすず書房、1992

215: 大津元 - 『ナノ·フォトニクス』米田出版、1999

217: Z.I.「電子雲の模型」『月刊 科学』1931 年 12 月、岩波書店、1931

219: O·ギンガーリッチ『世界科学史百科図鑑 4 20 世紀·物理学』原書房、1994

220: Joseph Grima 拍摄

221:『別冊 サイエンス 地図でみる世界』日経サイエンス、1982

石上纯也

个人简介

1974 年　生于神奈川县

2000 年　获得东京艺术大学美术研究科建筑专业硕士学位

2000—2004 年　就职于妹岛和世建筑设计事务所

2004 年　成立石上纯也建筑设计事务所

2014 年　担任哈佛大学设计研究生院客座教授

2015 年　担任普林斯顿大学研究生院客座教授

2016 年　担任门德里西奥建筑学院客座教授

2017 年　担任奥斯陆大学研究生院客座教授

　　　　　哥伦比亚大学研究生院客座教授

主要作品

2009 年　神奈川工科大学 KAIT 工房（神奈川县）

2019 年　Art Biotop 植物庭园"水庭"（栃木县那须）

2020 年　神奈川工科大学 KAIT 广场（神奈川县）

2021 年　maison owl 餐厅及住宅（山口县）

主要获奖情况

2005 年　SD Review 2005 SD 奖

2008 年　Iakov Chernikhov Prize 2008 最优秀奖

　　　　　第 57 届神奈川文化奖未来奖

2009 年　contractworld.award 2009 最优秀奖

　　　　　日本建筑学会奖（作品）

　　　　　BCS 奖（日本建筑业协会奖特别奖）

2010 年　第 12 届威尼斯建筑双年展 金狮奖

　　　　　每日设计奖

2012 年　文化厅长官表彰（国际艺术部门）

2016 年　BSI Swiss Architectural Award 2016

2019 年　平成 30 年（第 69 届）艺术选奖 文部科学大臣新人奖（美术部门）

2019 年　Obel Award 由 Henrik Frode Obel 基金会颁发

著作

『Tables as Small Architecture』(ギャラリー小柳 、2006)

『Plants & Architecture』(石上純也建築設計事務所 、2008)

『石上純也：ちいさな図版のまとまりから建築について考えたこと』(LIXIL 出版 、2008)

『Balloon & Gardens』(大和プレス 、2010)

『Studies for The Scottish National Gallery of Modern Art』(Trustees of the National Galleries of Scotland、2010)

『建築のあたらしい大きさ』(青幻舎 、2010)

『建築はどこまで小さく、あるいは、どこまで大きくひろがっていくのだろうか？』(資生堂 ギャラリー 、2011/ Hatje Cantz Verlag 、2013)

『自由な建築』(LIXIL 出版 + Fondation Cartier pour l'art contemporain 、2018) (中文版 名为《石上纯也：自由建筑》，上海文艺出版社，2019)

『新版 建築のあたらしい大きさ』(LIXIL 出版 、2019)

『Serpentine Pavilion 2019』(Verlag der Buchhandlung Walther König 、2019)

2010 年日本丰田市美术馆举办了石上纯也个人展"石上纯也：建筑的另一种尺度"，同时发行了同名画册，本书是在该画册基础上重新编辑而成的新版图书。

摄影：
市川靖史（展览现场）
石上纯也建筑设计事务所
(pp.014-015, 042, 062-063, 144, 146, 150, 152, 160, 164, 174, 175, 196, 198)
Brian Amstutz (pp.004-009, 050-051, 090-091, 134-135, 184-185)
Pamela Miki (pp.010-047, 052-087, 092-131, 136-181, 186-221)

图片说明撰写：Seth Yarden
日文原版设计：下田理惠
中文书籍设计：周安迪
内文制作：周安迪 马郁璐

图书在版编目（ＣＩＰ）数据

建筑的另一种尺度 / (日) 石上纯也著；辛梦瑶译
. -- 上海：同济大学出版社，2023.2
书名原文：Another Scale of Architecture
 ISBN 978-7-5765-0489-7

Ⅰ . ①建… Ⅱ . ①石… ②辛… Ⅲ . ①建筑设计 - 作
品集 - 日本 - 现代 Ⅳ . ① TU206

中国版本图书馆 CIP 数据核字 (2022) 第 222279 号

建筑的另一种尺度
[日] 石上纯也 著
辛梦瑶 译
出版人：金英伟
责任编辑：晁艳
助理编辑：王胤瑜
责任校对：徐逢乔
版 次：2023 年 2 月第 1 版
印 次：2023 年 2 月第 1 次印刷
印 刷：上海安枫印务有限公司
开 本：787mm×1092mm　1/32
印 张：7.25
字 数：162 000
书 号：ISBN 978-7-5765-0489-7
定 价：78.00 元
出版发行：同济大学出版社
地 址：上海市四平路 1239 号
邮政编码：200092
网 址：http://www.tongjipress.com.cn
本书若有印装问题，请向本社发行部调换
版权所有 侵权必究

Luminocity.cn

"光明城"是同济大学出版社城市、建筑、设计专业出版品牌，致力以更新的出版理念、更敏锐的视角、更积极的态度，回应今天中国城市、建筑与设计领域的问题。

"梯"出版品牌成立于2018年，主要出版人文社科艺术书籍，有志于为读者提供拓宽视界、引发思考、具有良好设计的出版物。